Umweltbundesamt
Federal Environment Agency – Austria

GEFÄHRLICHE ABFÄLLE UND ALTÖLE IN ÖSTERREICH

Materialien zum Bundes-Abfallwirtschaftsplan 1998

Patrizia Dreier

MONOGRAPHIEN
Band 102
M-102

Klagenfurt, Juni 1998

Bundesministerium für Umwelt, Jugend und Familie

Projektleitung
Hans Jörg Krammer

Autoren
Patrizia Dreier

Übersetzung
Ulrike Stärk

EDV-Programmierung und Auswertungen
Armin Strugger
Karin Perz

Graphik
Wolfgang Sarny
Johann Singer

Satz/Layout
Hannelore Proprentner

Titelphoto
Beispiele für gefährliche Abfälle in Österreich (Bernhard Gröger)

Der Bundes-Abfallwirtschaftsplan bzw. Bundesabfallbericht 1998 enthält eine zusammenfassende Bestandsaufnahme der Situation der Abfallwirtschaft, daraus abgeleitete Vorgaben zur Abfallvermeidung, -verwertung und -entsorgung sowie Maßnahmen zur Erreichung der Ziele. Grundlage dafür waren die folgenden vom Umweltbundesamt erarbeiteten und veröffentlichten **Materialien zum Bundes-Abfallwirtschaftsplan 1998**:

– Abfallaufkommen in Österreich (Serie „Monographien“, Bd. 101)

– **Gefährliche Abfälle und Altöle in Österreich (Serie „Monographien“, Bd. 102)**

– Nicht gefährliche Abfälle in Österreich (Serie „Monographien“, Bd. 103) mit dem Schwerpunkt „Abfälle aus Haushalten und ähnlichen Einrichtungen“

Weiterführende Angaben sind über die „Abfallwirtschaftliche Stoff- und Anlagendatenbank“ abrufbar (siehe homepage des Umweltbundesamtes: http://www.ubavie.gv.at)

Impressum

Medieninhaber und Herausgeber: Umweltbundesamt (Federal Environment Agency)
Spittelauer Lände 5, A-1090 Wien (Vienna), Austria

Druck: Radinger, Scheibbs

ISBN 3-85457-443-6

Bundes-Abfallwirtschaftsplan 1998 – Materialienbände

Das Abfallwirtschaftsgesetz 1990 legt im § 5 fest, daß der Bundesminister für Umwelt, Jugend und Familie zur Verwirklichung der Ziele und Grundsätze der Abfallwirtschaft einen Bundes-Abfallwirtschaftsplan zu erlassen hat, der alle drei Jahre fortzuschreiben ist. Nach der Erstellung des ersten Planes im Jahre 1992 liegt nun die zweite Fortschreibung vor.

Dazu wurden vom Umweltbundesamt Materialienbände zu folgenden Themen erstellt:

- Abfallaufkommen in Österreich
- Gefährliche Abfälle und Altöle in Österreich
- Nicht gefährliche Abfälle in Österreich mit dem Schwerpunkt Abfälle aus Haushalten und ähnlichen Einrichtungen

Vertiefende und laufend aktualisierte Informationen über Behandlungs- und Verwertungsanlagen in Österreich sind über die *„homepage"* des Umweltbundesamtes (http://www.ubavie.gv.at) aus der „Abfallwirtschaftlichen Stoff- und Anlagendatenbank" abrufbar.

Abfallaufkommen in Österreich (Band 1)

Die Massenangaben zum Abfallaufkommen basieren auf Erhebungen der Ämter der Landesregierungen, auf Ergebnissen von Branchenkonzepten, auf Auswertungen aus dem Abfalldatenverbund (AbfDV) und auf Expertenmeinungen. Sie stellen vor allem bei den nicht gefährlichen Abfällen (mit Ausnahme von Abfällen aus Haushalten und ähnlichen Einrichtungen) zum überwiegenden Teil Annahmen und damit Massenpotentiale dar, geben aber einen realistischen Überblick über das abfallwirtschaftliche Geschehen in Österreich.

Abfallaufkommen in Österreich

Massen- und Mengenpotentiale	**Mio t**	**Mio m³**
Gefährliche Abfälle und Altöle	0,76	0,56
Abfälle aus Haushalten und ähnlichen Einrichtungen	2,8	17,0
Bodenaushub	20,0	7,4
Baurestmassen und Baustellenabfälle (BRM)	6,4	2,9
Abfälle mineralischen Ursprungs ohne Baurestmassen	4,0	2,3
Holzabfälle ohne Holzverpackungen	3,3	10,1
Abfälle aus der Wasseraufbereitung, Abwasserbehandlung und der Gewässernutzung	2,3	1,5
Getrennt gesammelte Altstoffe aus Gewerbe und Industrie	2,1	6,0
Sonstige nicht gefährliche Abfälle	4,9	6,7
Summen (gerundet)	**46,5**	**54,5**

Unter Berücksichtigung des weitestgehend unbedenklichen Bodenaushubes von rd. 20 Mio t ergibt sich somit ein Gesamtmassenpotential von rd. 46,5 Mio t pro Jahr.

Die Verwertung und Behandlung dieser Abfälle erfolgt in ca. 1.500 Anlagen, die Abfälle von Dritten übernehmen.

Abfallwirtschaftlich relevante Anlagen in Österreich

Anlagentyp	Anzahl	in t/a oder m³
Chemisch-physikalische Behandlungsanlagen	28	465.000 t/a
Spezielle Verwertungs- und Behandlungsanlagen	über 100	467.000 t/a
Thermische Verwertungs- und Behandlungsanlagen	65	1.800.000 t/a
Biotechnische Vorbehandlungsanlagen für Restmüll	9	303.000 t/a
Biotechnische Anlagen für getrennt gesammelte biogene Abfälle	489	763.000 t/a
Sortieranlagen für getrennt erfaßte Altstoffe	98	650.000 t/a
Altstoffverwertungsanlagen	67	1.900.000 t/a
Zwischenlager für Reststoffe aus der Sortierung	3	110.000 t/a
Baurestmassenaufbereitungsanlagen	160	5.000.000 t/a
Baurestmassen- und Bodenaushubdeponien	400	18.000.000 m³
Mülldeponien	61	32.500.000 m³

Quelle: Umweltbundesamt-Anlagendatenbank (Datenstand Mai 1998)

Analysen unter Berücksichtigung der Planungsaktivitäten in Österreich ergaben, daß zusätzlich zu den vorhandenen Verbrennungsleistungen für rd. 2,85 Mio t Abfälle Verbrennungskapazitäten geschaffen werden müssen.

Zusätzlich notwendige Verbrennungskapazitäten

- *rd. 40.000 t für gefährliche Abfälle*
- *bis zu 0,8 Mio t für Abfälle aus Haushalten und ähnlichen Einrichtungen*
- *rd. 2,0 Mio t für andere nicht gefährliche Abfälle*

Gefährliche Abfälle und Altöle in Österreich (Band 2)

Art, Menge, Herkunft und Verbleib von gefährlichen Abfällen müssen mit Begleitscheinen nachgewiesen werden. Eine Auswertung der Begleitscheinmeldungen aus dem Abfalldatenverbund hat für das Jahr 1996 ergeben, daß in Österreich rd. 600.000 t gefährliche Abfälle angefallen sind. Den größten Anteil machen Aschen und Schlacken aus Abfallverbrennungsanlagen, Altautos, ölverunreinigte Böden und Altöle aus.

1996 wurden rd. 40.000 t gefährliche Abfälle exportiert bzw. rd. 20.000 t importiert. Beispielsweise wurde die gesamte angefallene Masse an aluminiumhaltigen Salzschlacken und rd. 90 % der Stäube, Aschen und Krätzen aus Schmelzprozessen ausgeführt. Nach Österreich zur Verwertung importiert wurden vorwiegend nickelhaltige Katalysatoren und Bleiakkumulatoren.

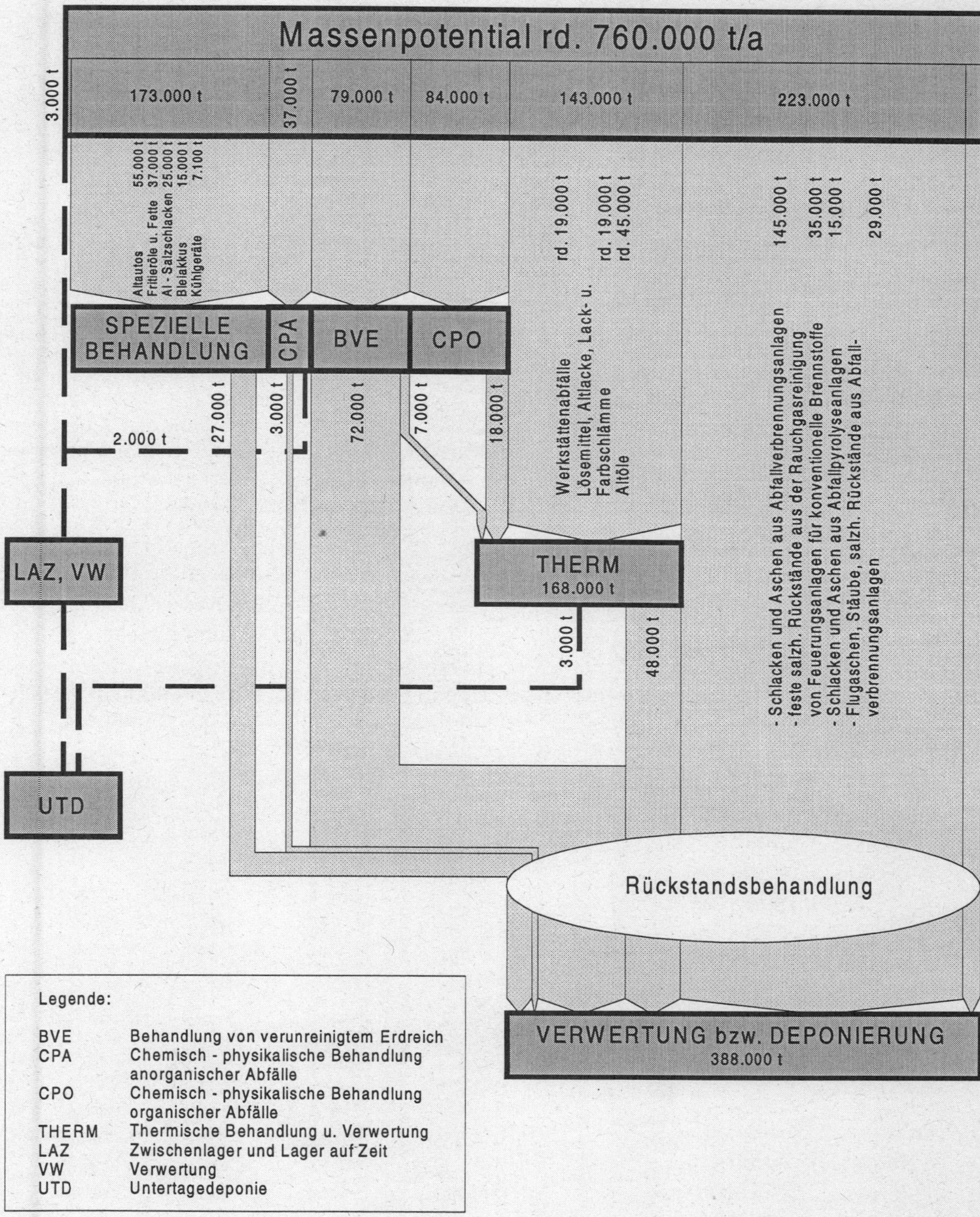

Entsorgung gefährlicher Abfälle (SOLL-Zustand 1998)

Dem Abfalldatenverbund werden jedoch nicht alle in Österreich anfallenden gefährlichen Abfälle gemeldet. Neueste Untersuchungen für den Bundes-Abfallwirtschaftsplan 1998 ergaben, daß das gesamte Massenpotential an gefährlichen Abfällen rd. 760.000 t/a beträgt. Die wesentlichen Ursachen für auftretende Unterschiede sind:

- Nachweis der Nicht-Gefährlichkeit: Über solche "ausgestuften" Abfälle liegen – naturgemäß – keine Begleitscheine vor.
- Innerbetriebliche Verwertung von gefährlichen Abfällen: Diese ist nicht begleitscheinpflichtig und somit sind die Mengen der innerbetrieblich verwerteten gefährlichen Abfälle nicht im Abfalldatenverbund erfaßt.
- Verschiedene Abfälle, für die Massenpotentiale angegeben wurden, bestehen nur zum Teil aus gefährlichen Abfällen. Nach zulässiger Abtrennung wird nur der Anteil gefährlicher Abfälle gemeldet.

Aufgrund dieser Tatsachen muß die tatsächlich erfaßte Menge gefährlicher Abfälle stets unter dem Massenpotential gefährlicher Abfälle liegen.

Für die Sammlung, Zwischenlagerung und den Transport gefährlicher Abfälle stehen ausreichende Kapazitäten zur Verfügung. Die Gegenüberstellung der erforderlichen mit den bestehenden Behandlungskapazitäten zeigt, daß für die chemisch-physikalische, biotechnische sowie spezielle Behandlung gefährlicher Abfälle ausreichende Durchsatzleistungen vorhanden sind. Der Handlungsbedarf im Bereich der Behandlungsanlagen läßt sich wie folgt zusammenfassen:

- Chemisch-physikalische Behandlungsanlagen: Auf Grundlage von technischen Mindestanforderungen sind Altanlagen an den Stand der Technik für Neuanlagen nachzurüsten.
- Thermische Behandlungsanlagen: Es ist davon auszugehen, daß zukünftig weitere Kapazitäten im Ausmaß von zumindest 40.000 t/a zu schaffen sind.
- Deponien: Entsprechend den Vorgaben der Deponieverordnung sind gefährliche Abfälle durch vorgelagerte Behandlungsschritte in einen deponiefähigen Zustand zu bringen.

Nicht gefährliche Abfälle in Österreich (Band 3)

Abfälle aus Haushalten und ähnlichen Einrichtungen

Im Jahr 1996 sind rd. 2,78 Mio t bzw. 344 kg/Ew Abfälle aus Haushalten und ähnlichen Einrichtungen angefallen.

Davon wurden über die öffentliche Müllabfuhr rd. 1,29 Mio t Restmüll und rd. 221.000 t Sperrmüll entsorgt. Daneben konnten rd. 24.000 t Problemstoffe, rd. 879.000 t Altstoffe und rd. 360.000 t biogene Abfälle über getrennte Sammlungen (Biotonne) erfaßt werden; dies entspricht rd. 45,5 % des Abfallaufkommens aus Haushalten und ähnlichen Einrichtungen.

Die Verwertung und Behandlung der rd. 2,78 Mio t Abfälle aus Haushalten und ähnlichen Einrichtungen erfolgte 1996 zu

- 31,7 % in Anlagen zur stofflichen Verwertung von getrennt gesammelten Altstoffen,
- 13,0 % in Anlagen zur Verwertung von getrennt erfaßten biogenen Abfällen,
- 0,8 % in Anlagen zur Behandlung von Problemstoffen,
- 7,0 % in Anlagen zur mechanisch-biologischen Vorbehandlung von Restmüll,
- 15,5 % in Anlagen zur thermischen Behandlung von Restmüll bzw. von Reststoffen,
- 32,0 % direkt und unbehandelt auf Mülldeponien.

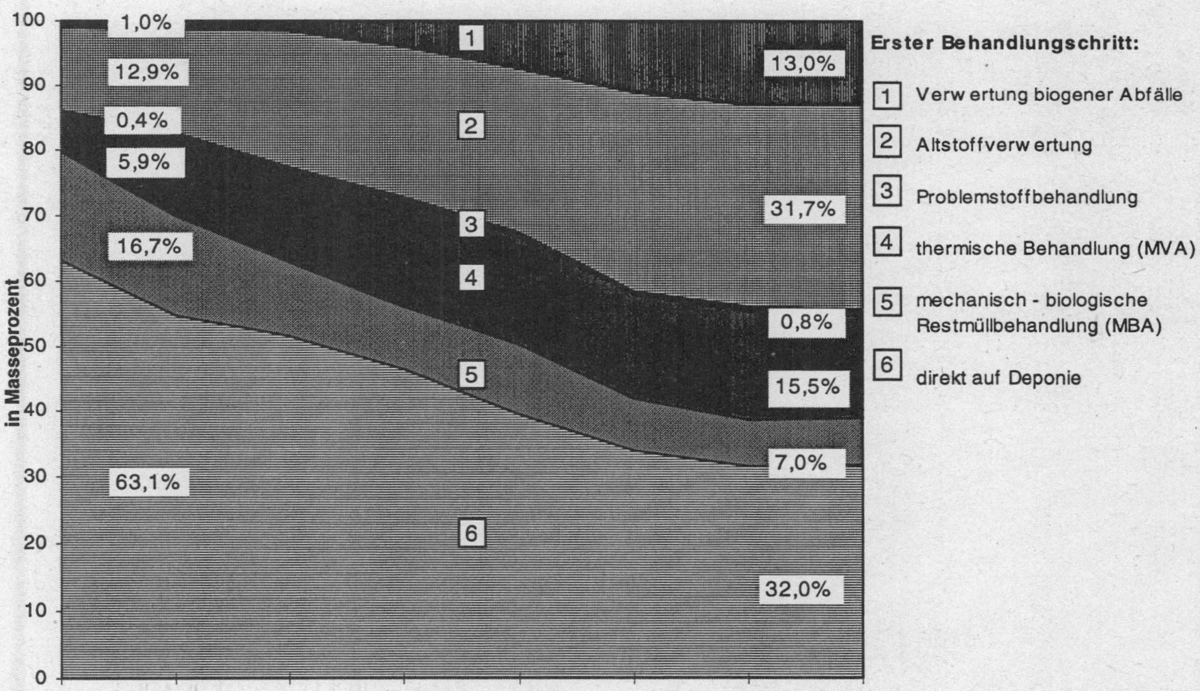

Verwertung und Behandlung von Abfällen aus Haushalten und ähnlichen Einrichtungen 1989 - 1996

Mit den Reststoffen aus der Verwertung und Behandlung gelangten 1996 rd. 45 % der Abfälle aus Haushalten und ähnlichen Einrichtungen auf Deponien. Im Jahr 1993 wurden rd. 55 % dieser Abfälle deponiert.

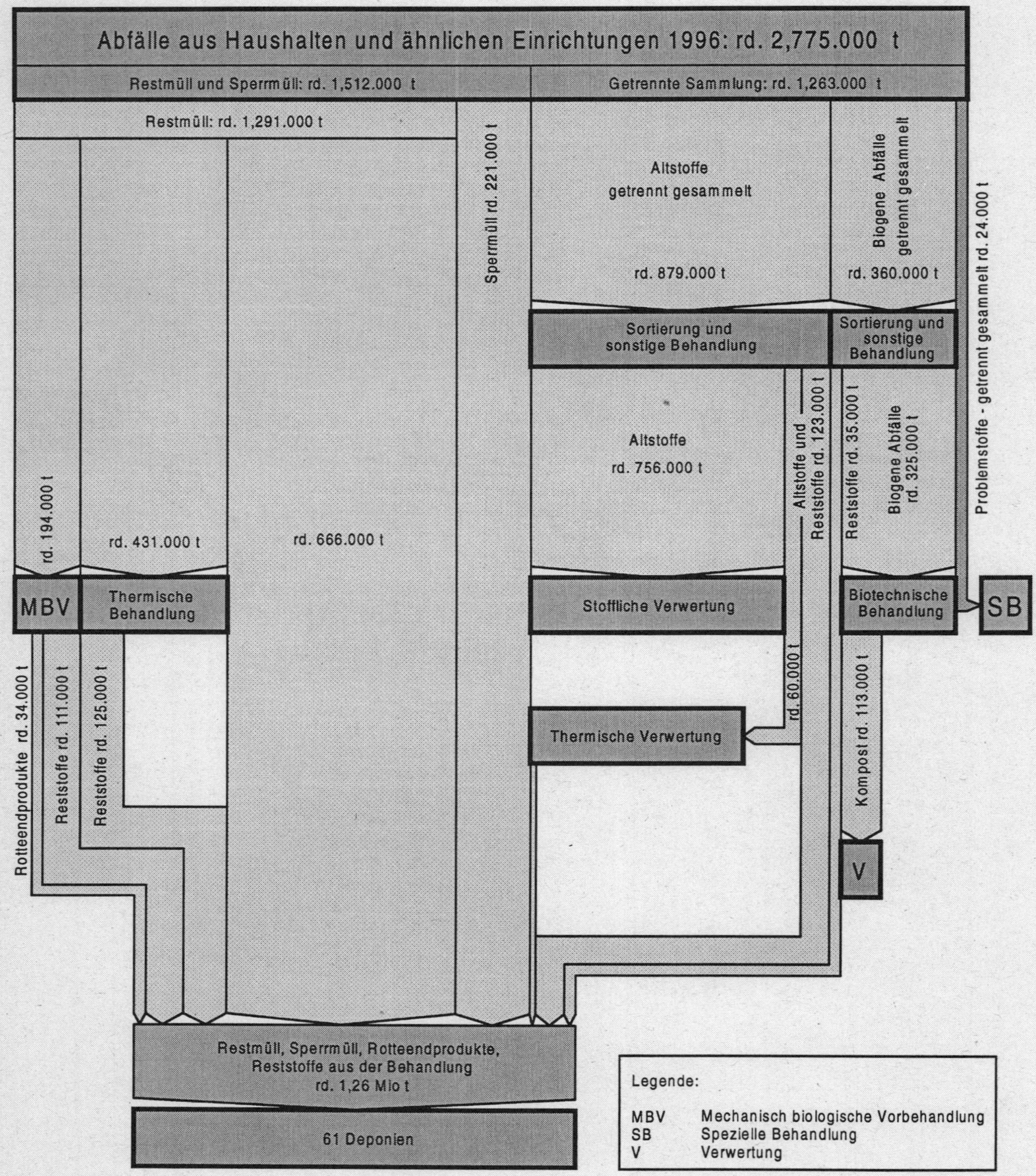

Entsorgung von Abfällen aus Haushalten und ähnlichen Einrichtungen (IST-Zustand 1996)

Betrachtet man neben den getrennten Sammlungen den im Jahr 1996 angefallenen Restmüll in den Abfallbehältern, das sind rd. 1,29 Mio t oder rd. 47 % von rd. 2,78 Mio t Abfälle aus Haushalten, so sind nach Abzug nicht getrennt erfaßbarer Anteile zusätzliche Potentiale zur getrennten Sammlung und anschließenden Verwertung zu erkennen:

- Rd. 15,5 % des Restmülls (rd. 200.000 t Altstoffe) können noch getrennt erfaßt und einer stofflichen Verwertung zugeführt werden. Der tatsächlich verwertbare Anteil hängt davon ab, in welchem Ausmaß qualitative Gesichtspunkte eine stoffliche Verwertung verhindern.
- Rd. 18,5 % des Restmülls (rd. 240.000 t biogene Abfälle) können nach getrennter Sammlung und anschließender biotechnischer Behandlung noch einer Verwertung zugeführt werden.

Weitere nicht gefährliche Abfälle

Das Massenpotential der nicht gefährlichen Abfälle ohne Berücksichtigung der Abfälle aus Haushalten und ähnlichen Einrichtungen kann mit rd. 42,9 Mio t/a angegeben werden. Davon entfallen

- rd. 61,5 % auf Baurestmassen einschließlich Bodenaushub,
- rd. 9,3 % auf andere Abfälle mineralischen Ursprungs,
- rd. 7,7 % auf Holzabfälle (ohne Holzverpackungen)
- rd. 5,4 % auf Abfälle aus der Wasseraufbereitung, Abwasserbehandlung und der Gewässernutzung,
- rd. 4,8 % auf getrennt gesammelte Altstoffe aus Gewerbe und Industrie,
- rd. 11,3 % auf sonstige nicht gefährliche Abfälle.

Waste Management in Austria - Documentation in 3 Volumes

compiled for the Austrian Federal Waste Management Plan 1998

The Austrian Waste Management Act (AWG) entered into force on 1 July 1990. § 1 of the Act defines the following objectives:

- To keep detrimental, unbeneficial or otherwise unhealthy influences on man, as well as on animals, plants, their living conditions and their natural environment as low as possible;
- to preserve raw material and energy resources;
- to keep the demand for landfill capacities as low as possible;
- to ensure that only such materials should remain as waste, the dumping of which does not present any potential hazard for future generations (precautionary principle)

The Waste Management Act thus places the highest priority on the protection of human beings and the environment and upon the preservation of natural resources. Accordingly, it must be the aim of waste management to handle waste in such a way that environmental pollution is kept as low as possible by avoidance, recovery and disposal.

§ 5 of the Austrian Waste Management Act stipulates that the Federal Minister of Environment has to issue a Federal Waste Management Plan in order to reach the objectives and observing the rules of modern waste management. Following the first Waste Management Plan in 1992 a revision is required every three years. This is why the Austrian Federal Environment Agency elaborated the following studies:

- Waste Generation in Austria
- Hazardous Waste and Waste Oil in Austria
- Non-Hazardous Waste in Austria emphasising Waste from Households and similar Institutions

Further information on waste management facilities in Austria you will find at our homepage (http://www.ubavie.gv.at).

Waste generated in Austria (Volume 1)

The information on the amounts of waste generated is based on investigations carried out by the provincial offices, results of waste management schemes of industrial branches, assessments on the basis of data from the Austrian hazardous waste register and on the knowledge of experts. And although the data presented are only approximate estimates of total non-hazardous waste (not including waste from households and similar institutions) generation, they give a realistic view of waste management in Austria.

Approximate estimate of total waste generation	million tonnes	million cubic meters
Hazardous waste and waste oil	0.76	0.56
Waste from households and similar institutions	2.8	17.0
Excavation material (soil) from construction sites	20.0	7.4
Construction and demolition waste	6.4	2.9
Waste of mineral origin without construction and demolition waste	4.0	2.3
Waste from wood processing excluding packages made of wood	3.3	10.1
Waste from water purification, sewage treatment and water utilisation	2.3	1.5
Separately collected secondary materials from industry and commerce	2.1	6.0
All other non-hazardous waste	4.9	6.7
Total	**46.5**	**54.5**

Including the predominantly harmless excavation material from construction sites the waste generated in Austria amounts to some 46.5 million tonnes.

The following table gives an overview of the 1500 treatment, recovery and recycling facilities operated in Austria.

Type of plants	No. of plants	Capacities
Physico-chemical treatment plants	28	465,000 t/a
Special treatment plants for hazardous waste	about 100	467,000 t/a
Incineration plants	65	1,800,000 t/a
Biological treatment plants for residual waste	9	303,000 t/a
Biological treatment plants for separately collected biowaste	489	763,000 t/a
Sorting plants for separately collected secondary materials	98	650,000 t/a
Recycling plants	63	1,900,000 t/a
Interim storage of residual matter after separation	3	110,000 t/a
Recycling plants for construction and demolition waste	160	5,000,000 t/a
Landfills for construction waste	400	18,000,000 m^3
Sanitary landfills for waste from households and similar institutions	61	32,500,000 m^3

Source: Waste Management Facilities Database of the Federal Environment Agency Austria (May 1998)

Taking recent planning activities in Austria into account, analysis shows that additional capacities for thermal treatment 2.85 million tonnes must be made available.

Additionally required incineration capacities

- *about 40,000 tonnes for hazardous waste*
- *up to 800,000 tonnes for waste from households and similar institutions*
- *about 2 million tonnes for other non-hazardous waste*

Hazardous Waste and Waste Oil in Austria (Volume 2)

Persons in possession of hazardous waste have to register the type, amount, provenance and treatment by means of a way-bill system. An evaluation of the Austrian register for hazardous waste shows that approx. 600,000 tonnes of hazardous waste was generated in 1996. The biggest quantities are ashes and slags from waste incineration facilities, used cars, oil-contaminated soil and waste oils.

In 1996 approx. 40,000 tonnes of hazardous waste was exported and approx. 20,000 tonnes were imported. For example, the total aluminium-containing salt slags generated, and approx. 90 % of dust, ash and dross from melting processes were exported. Among the imported wastes there were predominantly catalysts containing nickel and accumulators, which were imported for recovery.

In Austria, due to several reasons not all harzardous waste generated, is automatically subjected to the way-bill system. Recent investigations for the Federal Waste Management Plan 1998 show that the total mass potential of hazardous waste in Austria amounts approx. 760,000 t/a. Occuring differences are mainly due to:

- Proof of being non-hazardous: For some hazardous wastes the proof of safety may be furnished for individual cases. Since these wastes are not considered hazardous any more, these cases are not registered and therefore the amounts are not known.
- Internally recovered hazardous wastes: Hazardous wastes which are recovered internally in the production process do not have to be registered by way-bills. Thus they do not show in the Austrian hazardous waste register.
- For some hazardous wastes mass potentials were given although they only consist partly of hazardous components, e. g. used cars. After removal of the hazardous components the greater part can be recovered and/or treated as non-hazardous waste. Only the hazardous components have to be registered.

Because of this reasons the reported amounts always must be below the mass potential for hazardous waste.

Capacities for the collection, intermediate storage and transport of hazardous waste are sufficient. A comparison between necessary and actually available treatment capacities shows that throughput ist sufficient for physico-chemical, biotechnical and special treatment of hazardous waste. With regard to waste treatment facilities the requirements can be summarized as follows:

- Physico-chemical treatment facilities: In this sector a number of facilities need to be brought up to the state-of-the-art according to technical minimal standards.
- Thermal treatment facilities: In future at least 40,000 t/a additional capacities for the thermal treatment of hazardous waste will have to be installed.
- Landfills: According to the Landfill Ordinance hazardous waste must be subjected to a pretreatment allowing its safe disposal.

Non-Hazardous Waste in Austria (Volume 3)

Waste from Households and Similar Institutions

In 1996 a total of about 2.78 million tonnes or 344 kg/inhabitant of waste from households and similar waste from offices, industry and commerce and public institutions was produced.

Of this total, about 1.29 million tonnes of residual waste and about 221,000 tonnes of bulky waste were collected by the waste collection services. In addition, some 24,000 tonnes of problem waste (hazardous waste from households), about 879,000 tonnes of secondary materials and 360,000 tonnes of biowaste were collected. Altogether 45.5% of waste from households and similar institutions was collected separately.

In 1996 the 2.78 million tonnes were recovered and treated as follows:

- 31.7 % in recovery plants for secondary materials,
- 13.0 % in treatment plants for separately collected biowaste,
- 0.8 % in treatment plants for hazardous municipal waste,
- 7.0 % in mechanical-biological treatment plants for residual waste,
- 15.5 % in incineration plants for residual waste,
- 32.0 % were disposed of in sanitary landfills (without any further treatment).

Including all residual wastes from recovery and treatment operations, about 45 % of the waste from households and similar institutions was deposited in sanitary landfills. In 1993 this figure still amounted to 55%.

In the remaining residual waste from households and similar institutions the following additional goals for separate collection and further recovery could be achieved:

- about 15.5 % of residual waste (about 200,000 tonnes of secondary materials) could be conducted to material recycling. The actual recycling quota depends on the quality of separately collected and sorted secondary material;
- about 18.5 % of residual waste still consists of biowaste, which could be collected and composted for further utilisation.

Other Non-Hazardous Waste

The mass potential of non-hazardous waste produced in Austria (without waste from households and similar institutions) is approximately 42.9 million tonnes per year of which

- about 61.5 % is construction and demolition waste as well as excavation materials from construction sites
- about 9.3 % is other waste of mineral origin
- about 7.7 % is waste from wood processing
- about 5.4 % is waste from water purification, sewage treatment and water utilization
- about 4.8 % are separately collected secondary materials from industry and commerce
- about 11.3 % are all other non-hazardous wastes of different origin

INHALTSVERZEICHNIS

1 EINLEITUNG

Nach den Jahren 1992 und 1995 wird nunmehr vom Bundesminister für Umwelt, Jugend und Familie bereits der dritte Bundes-Abfallwirtschaftsplan (BAWP) vorgelegt. In der vorliegenden Monographie werden die für den Bundes-Abfallwirtschaftsplan 1998 vom Umweltbundesamt erarbeiteten Fachgrundlagen für den Bereich gefährliche Abfälle und Altöle dargestellt.

Gemäß § 5 (2) Abfallwirtschaftsgesetz (AWG) hat der **Bundes-Abfallwirtschaftsplan** mindestens zu umfassen:

1. Eine Bestandsaufnahme der Situation der Abfallwirtschaft
2. aus §1 AWG (Ziele und Grundsätze) abgeleitete konkrete Vorgaben
   a) zur Reduktion der Mengen und Schadstofffrachten der Abfälle,
   b) zur umweltgerechten und volkswirtschaftlich sinnvollen Verwertung von Abfällen,
   c) zur Entsorgung der nicht vermeidbaren oder verwertbaren Abfälle,
3. die zur Erreichung dieser Vorgaben geplanten Maßnahmen des Bundes
4. die regionale Verteilung der im Bundesgebiet erforderlichen Anlagen zur Behandlung gefährlicher Abfälle.

In den Erläuterungen zur Regierungsvorlage des Abfallwirtschaftsgesetzes wird zu § 5 zum Ausdruck gebracht, daß ein derartiger Plan von seiner rechtlichen Struktur her betrachtet Vergleichbarkeiten mit der Raumplanung aufweist und mit seinen periodischen Fortschreibungen die Dynamik und Entwicklung auf dem Gebiet der Abfallwirtschaft beschreiben soll. Da es nicht möglich ist, im einzelnen Planungsinhalte gesetzlich vorherzubestimmen, wird besonderer Wert auf eine konkrete und umfassende Bestandsaufnahme gelegt.

2 RECHTLICHE GRUNDLAGEN

Die Abfallwirtschaft liegt bezüglich der gefährlichen Abfälle im Kompetenzbereich des Bundes (Art 10 Abs 1 Z 12 B-VG). Zentrale Bedeutung bei der Beschreibung der Situation der Abfallwirtschaft, und der daraus abzuleitenden Aussagen, kommt der Definition des Begriffes **„Abfall"** zu.

Der Abfallbegriff des Abfallwirtschaftsgesetzes 1990

a) subjektiver Abfallbegriff – Entledigungsabsicht

Entledigen bedeutet die Aufgabe der Gewahrsame zu einer Sache, die nicht mehr bestimmungsgemäß verwendet wird oder werden kann. Der subjektive Abfallbegriff setzt eine Transaktion bzw. eine konkrete Transaktionsabsicht einer (beweglichen) Sache voraus (transaktionsbezogener Abfallbegriff). Die Tatsache, daß für eine (bewegliche) Sache kein Erlös erzielbar ist, ist ein Indiz dafür, daß es sich dabei um Abfall im subjektiven Sinn handelt.

b) objektiver Abfallbegriff – öffentliches Interesse

Bei Beurteilung, ob Abfall im objektiven Sinn vorliegt, sind jene Gefahren für die Umwelt zu berücksichtigen, die von den (beweglichen) Sachen selbst ausgehen und die durch die Erfassung und Behandlung dieser (beweglichen) Sachen als Abfall hintangehalten werden können. Entscheidend ist das tatsächliche Gefährdungspotential der betreffenden Materialien auf die Umwelt unter Berücksichtigung der Entsorgungs- bzw. Verwertungswege.

c) Bewegliche Sachen

Die Abfalleigenschaft setzt grundsätzlich die Beweglichkeit einer Sache voraus. Abfall liegt jedoch auch dann vor, wenn Sachen eine die Umwelt beeinträchtigende Verbindung mit dem Boden eingegangen sind (z.B. ölverunreinigtes Erdreich).

Ein Stoff wird erst dann Abfall, wenn entweder die Entledigungsabsicht oder das öffentliche Interesse an der Erfassung und Behandlung als Abfall gegeben ist.

Eine abschließende Beurteilung, ob Abfall vorliegt, kann nicht pauschal sondern nur im Einzelfall durchgeführt werden. Aus diesem Grunde wird in diesem Bericht bei der Angabe von Abfallmassen von „Potentialen" gesprochen. Von Bedeutung sind auch die Auswirkungen von Feststellungsbescheiden hinsichtlich Abfalleigenschaft und -art sowie der Zuordnung zu gefährlichen und nicht gefährlichen Abfällen.

Die Begriffsdefinition für **gefährliche Abfälle** ist im § 2 Abs 5 Abfallwirtschaftsgesetz (AWG) festgelegt.

Begriffsdefinition für gefährliche Abfälle

*„**Gefährliche Abfälle** sind Abfälle, deren ordnungsgemäße Behandlung besondere Umsicht und besondere Vorkehrungen im Hinblick auf die öffentlichen Interessen erfordert und deren ordnungsgemäße Behandlung jedenfalls weitergehender Vorkehrungen oder einer größeren Umsicht bedarf, als dies für die Behandlung von Hausmüll, entsprechend den Grundsätzen der Abfallwirtschaft erforderlich ist".*

2.1 Festsetzung gefährlicher Abfälle

Im für den Bundes-Abfallwirtschaftsplan 1998 festgelegten Berichtszeitraum sind gefährliche Abfälle durch die **Verordnung über die Festsetzung gefährlicher Abfälle** (BGBl 1991/49) festgelegt und durch Schlüsselnummern der ÖNORM S 2101 (1983) „Überwachungsbedürftige Sonderabfälle" bzw. ÖNORM S 2100 (1990) „Abfallkatalog" anzugeben. Darüber hinaus gelten Altkraftfahrzeuge, die nicht von gefährlichen Inhaltsstoffen entfrachtet sind, als gefährliche Abfälle.

Aus Gründen der besseren Auswertbarkeit, Übersichtlichkeit und Vergleichbarkeit abfallwirtschaftlicher Massenangaben wurden die gefährlichen Abfälle vom Umweltbundesamt in sechs Kategorien eingeteilt. Im einzelnen handelt es sich dabei um:

- **Kategorie A:** Alle Abfallarten der ÖNORM S 2101 „Überwachungsbedürftige Sonderabfälle", ausgegeben am 1.12.1983, gemäß § 1 der Verordnung über die Festsetzung gefährlicher Abfälle.
- **Kategorie B:** Alle in § 2 Z 1-20 und 22 der Verordnung über die Festsetzung gefährlicher Abfälle unter Angabe der Schlüsselnummer aufgelisteten Abfallarten der ÖNORM S 2100 „Abfallkatalog", ausgegeben am 1.3.1990.
- **Kategorie C:** Akkumulatoren, Batterien und Cartridges von Kopiergeräten und Laserdruckern gemäß § 2 Z 21 der Verordnung über die Festsetzung gefährlicher Abfälle, anzugeben mit der jeweils in der ÖNORM S 2100 (1990) angeführten Schlüsselnummer.
- **Kategorie D:** Sonstige flüssige Mineralölerzeugnisse, Emulsionen von flüssigen Mineralölerzeugnissen u.a., wenn die unter § 2 Z 24 der Verordnung über die Festsetzung gefährlicher Abfälle angeführten Grenzwerte für bestimmte Inhaltsstoffe oder Verunreinigungen überschritten werden oder der Flammpunkt niedriger als 55 °C ist.
- **Kategorie E:** Toxische Schwermetalle enthaltende Produkte gemäß § 2 Z 21 und sonstige gefährliche Stoffe, Zubereitungen und Fertigwaren sowie Pflanzenschutzmittel u.a. nach Maßgabe des § 2 Z 23 der Verordnung über die Festsetzung gefährlicher Abfälle, anzugeben mit der jeweils in der ÖNORM S 2100 (1990) angeführten Schlüsselnummer.
- **Kategorie F:** Altautos mit gefährlichen Inhaltsstoffen gemäß Erlaß des BMUJF (Zl 08 3504/32-V/4/92-Ho), anzugeben mit der Schlüsselnummer 35103 der ÖNORM S 2100 (1990) bzw. seit 1.3.1998 mit der Schlüsselnummer 35203.

Zwischenzeitlich wurde durch den Bundesminister für Umwelt, Jugend und Familie eine neue **„Verordnung über die Festsetzung von gefährlichen Abfällen und Problemstoffen"** (BGBl 1997/227) erlassen. Damit werden die Bestimmungen der EU-Richtlinie über gefährliche Abfälle (RL 91/689/EWG) und der Entscheidung des Rates über ein Verzeichnis gefährlicher Abfälle (Abl Nr L356/1994) in nationales Recht umgesetzt. Im vorliegenden Bericht werden im Kapitel 5.5 die durch die Festsetzungsverordnung 1997 zu erwartenden abfallwirtschaftlichen Auswirkungen prognostiziert.

Die Festsetzungsverordnung 1997 baut auf der überarbeiteten ÖNORM S 2100 aus 1997 auf und enthält in der Anlagen 1 eine taxative Liste gefährlicher Abfälle. Die überarbeitete ÖNORM enthält den Klassifizierungsgrundsatz, daß Abfälle jener Schlüsselnummer zuzuordnen sind, die sie am besten (als Abfall) charakterisiert. Damit ergab sich für einige Abfälle, etwa Bodenaushub und kontaminierte Böden, die Notwendigkeit, zusätzliche Zuordnungskriterien, welche über die allgemeinen Kriterien der Norm hinausgehen, einzuführen. Diese Zuordnungskriterien für Böden und für kontaminierte Verpackungen (bzw. Verpackungen mit Restinhalten) finden sich ebenfalls in der Anlage 1 der Verordnung.

In der Anlage 2 der Festsetzungsverordnung erfolgt eine nähere Erläuterung der **gefahrenrelevanten Eigenschaften** im Hinblick auf die Einstufung bzw. Ausstufung von Abfällen betreffend das Regime gefährlicher Abfälle. Für die einzelnen gefahrenrelevanten Eigenschaften werden jeweils genaue Kriterien festgelegt.

Gefahrenrelevante Eigenschaften	
H1	*explosiv*
H2	*brandfördernd*
H3-A	*leicht entzündbar*
H3-B	*entzündbar*
H4	*reizend*
H5	*gesundheitsschädlich*
H6	*giftig*
H7	*krebserzeugend*
H8	*ätzend*
H9	*infektiös*
H10	*teratogen*
H11	*mutagen*
H12	*Stoffe und Zubereitungen, die bei der Berührung mit Wasser, Luft oder einer Säure ein giftiges oder sehr giftiges Gas abscheiden*
H13	*Stoffe und Zubereitungen, die nach einer Beseitigung auf irgendeine Art die Entstehung eines anderen Stoffes bewirken können, z.B. ein Auslaugprodukt, das eine der oben genannten Eigenschaften aufweist*

Die Festsetzungsverordnung 1997 ermöglicht Abfallbesitzern die sogenannte „**Ausstufung gefährlicher Abfälle**". Darunter versteht man das Verfahren zum Nachweis der Nichtgefährlichkeit eines bestimmten Abfalls. Dabei wird auf Grundlage einer Ausstufungsbeurteilung nachgewiesen, daß für den Abfall die gefahrenrelevanten Eigenschaften nicht zutreffen. Die Ausstufung hat anhand objektiv überprüfbarer Gefährlichkeitskriterien (gemäß Anlage 2 der Verordnung) und konkreter Vorgaben für Art und Umfang der erforderlichen Untersuchungen (festgelegt in Anlage 4 der Verordnung) auf Grundlage der Beurteilung einer befugten Fachperson oder Fachanstalt zu erfolgen. Die ausgestuften Massen sind der Behörde anzuzeigen.

Bei folgenden Abfällen ist eine Ausstufung **nicht** möglich:

SN 13401	Versuchstiere
SN 13705	Mist, infektiös
SN 13706	Kot, infektiös
SN 13707	Gülle, infektiös
SN 35201	elektrische und elektronische Geräte und Geräteteile, mit umweltrelevanten Mengen an gefährlichen Anteilen oder Inhaltsstoffen (z.B. Ölradiatoren, Nachtspeicheröfen mit Asbestbestandteilen)
SN 35203	Fahrzeuge, Arbeitsmaschinen und -teile, mit umweltrelevanten Mengen an gefährlichen Anteilen oder Inhaltsstoffen (z.B. Starterbatterien, Bremsflüssigkeit, Motoröl)
SN 35322	Bleiakkumulatoren
SN 35323	Nickel-Cadmium-Akkumulatoren
SN 35324	Knopfzellen
SN 35326	Quecksilber, quecksilberhaltige Rückstände, Quecksilberdampflampen

SN 35335	Zink-Kohle-Batterien
SN 35336	Alkali-Mangan-Batterien
SN 35337	Lithiumbatterien
SN 35338	Batterien, unsortiert
SN 35339	Gasentladungslampen (z.B. Leuchtstofflampen, Leuchtstoffröhren)
SN 59101	pyrotechnische Abfälle
SN 59102	Sprengstoff- und Munitionsabfälle
SN 97101	Abfälle, die innerhalb und außerhalb des medizinischen Bereichs eine Gefahr darstellen können, z.B. mit gefährlichen Erregern behafteter Abfall gemäß ÖNORM S 2104

Die Festsetzungsverordnung 1997 ist am 1. März 1998 in Kraft getreten. Spezielle Verfahrensbestimmungen zur Ausstufung sind im AWG vorgesehen. Bis die entsprechende Novelle in Kraft tritt, hat das Umweltministerium in der Novelle zur Festsetzungsverordnung, BGBl II 1998/75, eine Übergangsregelung geschaffen. Der Unterschied zur geplanten AWG-Regelung besteht vor allem darin, daß die Ausstufung von Abfällen aus einem Produktionsprozeß jeweils nur für vier Monate gültig ist.

2.2 Bestimmungen für Altöle

Im V. Abschnitt des AWG werden besondere Bestimmungen für **Altöle** festgelegt. Demzufolge sind Altöle

1. gebrauchte oder durch eine produktionsspezifische Verwendung, wozu auch Lagerung und Beförderung gehören, verunreinigte
   - flüssige Mineralölerzeugnisse,
   - mineralölhaltige Emulsionen,
   - synthetische Motor-, Getriebe- und Hydrauliköle, sofern sie aus synthetischen Kohlenwasserstoffen oder Carbonsäureestern bestehen und halogenfrei sind,
   - Schmiermittel auf Basis pflanzlicher Öle sowie
2. mineralölhaltige, pumpfähige Rückstände und Wasser-Öl-Gemische.

Diese Abfälle gelten jedoch nicht mehr als Altöle, sondern als gefährliche Abfälle gemäß Festsetzungsverordnung, wenn folgende Kriterien zutreffen:

- mehr als 15 Gew.-% Verunreinigungen aus einer produktspezifischen Verwendung des Stoffes
- mehr als 30 ppm polychlorierte Biphenyle oder Terphenyle (PCB, PCT)
- mehr als 0,5 Gew.-% Halogene
- Flammpunkt unter 55 °C

Sie sind mit der jeweils in der ÖNORM S 2100 angeführten Schlüsselnummer anzugeben.

2.3 Abfalldatenverbund

Gemäß § 38 (1) Abfallwirtschaftsgesetz (AWG) hat der Bundesminister für Umwelt, Jugend und Familie einen Datenverbund zur Kontrolle von Art, Menge, Herkunft und Verbleib von gefährlichen Abfällen und Altölen einzurichten. Der Landeshauptmann hat die von den Abfallbesitzern gemeldeten Daten im Datenverbund automationsunterstützt zu ermitteln, zu verarbeiten und dem Bundesminister für Umwelt, Jugend und Familie zur Verfügung zu stellen. Jeder Landeshauptmann hat Zugriff auf alle Daten im Datenverbund.

In der **Abfallnachweisverordnung** (BGBl 1991/65) werden die Begriffsbestimmungen für die Besitzer von gefährlichem Abfall (Erzeuger, Sammler, Behandler) sowie das Begleitscheinsystem definiert (vgl. auch Kapitel 4.1 „Grundstruktur des Abfalldatenverbundes).

Derzeit liegt ein Entwurf einer Verordnung des Bundesministers für Umwelt, Jugend und Familie vor, mit dem die Abfallnachweisverordnung geändert werden soll (Abfallnachweisverordnungs-Novelle 1997). Darin werden unter anderem die durch das Inkrafttreten der Festsetzungsverordnung 1997 notwendigen Veränderungen im Aufzeichnungs- und Meldewesen, z.B. durch das neue Verzeichnis gefährlicher Abfälle oder das Ausstufungsverfahren, festgelegt.

2.4 Export und Import von gefährlichen Abfällen

2.4.1 EG-Verbringungsverordnung

Seit 1.1.1997 sind auch in Österreich die Bestimmungen der **EG-Verbringungsverordnung**[1] als unmittelbar geltendes Recht anzuwenden. Sie wird in der EU-Novelle 1996 zum Abfallwirtschaftsgesetz, BGBl 1996/434 konkretisiert.

Folgende **internationale Übereinkommen** werden durch die EG-Verbringungsverordnung umgesetzt:

- Basler Übereinkommen[2]
- Artikel 39 des Vierten Abkommens von Lomé (AKP-EWG-Abkommen) vom 15. Dezember 1989 (Exportverbot für gefährliche Abfälle in die Länder Afrikas, des karibischen Raums und des pazifischen Ozeans [AKP-Staaten])
- Beschluß des OECD-Rates[3]

Das Notifizierungsverfahren bzw. das Kontrollregime der Verordnung ist abhängig von der Abfallart, der Art der Behandlung sowie den Bestimmungsländern:

A) Abfallart

- gefährlich oder nicht gefährlich (OECD-Dreilistensystem)

B) Art der Behandlung

- Verwertung (Recycling, Verwendung zur Energiegewinnung, etc.)
- Beseitigung (Deponierung, Verbrennung, etc.)

C) Bestimmungsländern

1. ***Verbringung*** von Abfällen zwischen den EU-Mitgliedstaaten

---

1 Verordnung 93/259/EWG zur Überwachung und Kontrolle der Verbringung von Abfällen in der, in die und aus der Europäischen Gemeinschaft (1. Februar 1993)

2 Übereinkommen von Basel vom 22. März 1989 über die Kontrolle der grenzüberschreitenden Verbringung gefährlicher Abfälle und ihrer Entsorgung

3 Beschluß des OECD-Rates C (92) 39 vom 30. März 1992 über die Überwachung der grenzüberschreitenden Verbringung von Abfällen zur Verwertung

2. ***Export*** von Abfällen aus der Gemeinschaft
   - zur Beseitigung: nur in EFTA-Staaten möglich
   - zur Verwertung: nur in OECD- oder Basel-Mitgliedstaaten möglich
3. ***Import*** von Abfällen in die Gemeinschaft
   - zur Beseitigung: nur aus Basel-Mitgliedstaaten und EFTA-Ländern

OECD-Dreilistensystem

Im Sinne des Abbaus von Handelshemmnissen entwickelte die OECD ein Dreilistensystem für verwertbare Abfälle, die entsprechend ihrem Gefährdungspotential unterschiedlich strengen Überwachungsregimen unterworfen werden (Grüne, Gelbe und Rote Liste der Council Decision C (92) 39).

Die EU-Kommission paßt die Anhänge der EG-Verbringungsverordnung den OECD-Listen an, es kommt dabei jedoch zu Zeitverzögerungen.

Die **"Grüne Liste"** stellt eine Liste jener Abfälle dar, von denen angenommen wird, daß deren Verwertung in hochindustrialisierten Ländern keine Probleme verursacht (frühere Bezeichnung: "Sekundärrohstoffe"). Dies ist jedoch nicht gleichzusetzen mit dem Begriff "nicht gefährliche Abfälle". Abfälle der "Grünen Liste" können wie Handelswaren ohne abfallrechtliche Bewilligung grenzüberschreitend verbracht werden (Ausnahme: Nicht-OECD-Staaten, siehe oben). Erforderlich ist lediglich die Mitführung eines Begleitdokumentes.

In der **"Gelben Liste"** angeführte Abfälle sind notifizierungspflichtig, werden jedoch einem im Vergleich zur Basler Konvention erleichterten Kontrollregime unterworfen. Die Vorteile der "Gelben Liste" liegen in der Möglichkeit der Vorautorisierung von Anlagen, in verkürzten Entscheidungsfristen sowie in der Möglichkeit der stillschweigenden Zustimmung von Import-, Export- und Transitbehörden.

Abfälle der **"Roten Liste"** sind ebenfalls notifizierungspflichtig. Zusätzlich ist eine Genehmigung sämtlicher an der Notifizierung beteiligten Behörden erforderlich, eine stillschweigende Zustimmung ist nicht möglich. Die Rote Liste sieht also eine Kontrolle entsprechend den Bestimmungen der Basler Konvention vor.

Nicht gelistete Abfälle, also Abfälle, die (noch) keiner Liste zugeordnet sind, werden wie Abfälle der "Roten Liste" behandelt.

2.4.2 Anwendung der EG-Verbringungsverordnung in Österreich

Obwohl die EG-Verbringungsverordnung in Österreich unmittelbar anzuwenden ist, sind gewisse innerstaatliche gesetzliche Begleitmaßnahmen erforderlich. Außerdem werden den Mitgliedstaaten in geringem Ausmaß Gestaltungsmöglichkeiten eingeräumt. Begleitende Regelungen zur EG-Verbringungsverordnung werden in § 5 Abs 2 Z 2 lit d, §§ 34 bis 40a und § 45 Abs 10 Abfallwirtschaftsgesetz (AWG) getroffen.

Die österreichische Ausnahmeverordnung zum AWG ist am 31.12.1996 außer Kraft getreten und wird durch die einschlägigen Bestimmungen der EG-Verbringungsverordnung (Art 1 Abs 3 lit a und Anhang II "Grüne Liste") ersetzt.

Der Bundesminister für Umwelt, Jugend und Familie hat über jede grenzüberschreitende notifizierungspflichtige Verbringung von Abfällen bescheidmäßig abzusprechen. Die Bewilligungen für die grenzüberschreitende Abfallverbringung sind längstens für die Dauer eines Jahres auszustellen.

Notifizierungspflichtig ist die Abfallverbringung

- zur Beseitigung immer,
- zur Verwertung dann, wenn Abfälle
  * der "Gelben Liste" (Anhang III VerbringungsVO) oder
  * der "Roten Liste" (Anhang IV VerbringungsVO) oder
  * keinem dieser Anhänge zugeordnet werden können,
  * der "Grünen Liste" in Staaten, für die der OECD-Beschluß nicht gilt, exportiert werden, sofern diese Abfälle im Empfängerstaat überwacht werden.

Keine Notifizierungspflicht besteht für Abfallverbringung

- zur Verwertung, wenn es sich um Abfälle
  * der "Grünen Liste" (Anhang II VerbringungsVO) handelt, bei
    – Einfuhr nach Österreich,
    – Ausfuhr in Staaten, für die der Beschluß des OECD-Rates gilt.
    – Ausfuhr in sonstige Länder, wenn diese erklärt haben, daß diese Abfälle im Empfängerstaat keinen Kontrollen unterliegen.

Jede Abfallverbringung ist von der notifizierenden Person drei Arbeitstage vorher den zuständigen Behörden anzukündigen. Eine Kopie des Begleitscheins und die Bewilligung gemäß § 36 AWG sind beim Transport mitzuführen. Alle Unternehmen, die an der Verbringung beteiligt sind, füllen den Begleitschein an den entsprechenden Stellen aus, unterzeichnen ihn und behalten selbst eine Kopie davon.

Innerhalb von drei Arbeitstagen nach Erhalt der zur Beseitigung bestimmten Abfälle übermittelt der Empfänger der notifizierenden Person und den betroffenen zuständigen Behörden eine Kopie des ausgefüllten Begleitscheins.

Spätestens 180 Tage nach Erhalt der Abfälle hat der Empfänger der notifizierenden Person sowie den betroffenen zuständigen Behörden eine Bescheinigung über die erfolgte Beseitigung bzw. Verwertung der Abfälle zu übermitteln.

Gemäß § 38 AWG hat der Bundesminister für Umwelt, Jugend und Familie die Daten der Notifizierungsbegleitscheine gemäß der EG-Verbringungsverordnung betreffend die Einfuhr und Ausfuhr von Abfällen und Altölen für die automationsunterstützte Verarbeitung im Datenverbund zu erfassen.

2.5 EU-Rechtsvorschriften

2.5.1 Allgemeines

Mit Inkrafttreten der Europäischen Akte am 1. Juli 1987 wurde in den EG-Vertrag (EGV) ein eigenes Kapitel Umwelt (Art 100a und Art 130 r ff EGV) aufgenommen, welches auch die Grundlage für abfallrechtliche Maßnahmen bildet. Rechtsakte im Abfallbereich können – wie Umweltmaßnahmen im allgemeinen – entweder auf Art 130s EGV oder auf Art 100a EGV gestützt werden. Bei der Wahl der Rechtsgrundlage gilt es zu entscheiden, ob es sich vorrangig um binnenmarktrelevante Harmonisierungsmaßnahmen (Art 100a EGV) oder Umweltschutzmaßnahmen (Art 130s) handelt.

Art 100a Abs 4 EGV ermöglicht die Beibehaltung höherer Standards; dies setzt die Mitteilung der nationalen Regelung an die Kommission sowie den Nachweis der sachlichen Rechtfertigung aus Umweltschutzgründen voraus. Art 130t EGV ermöglicht, mit dem Vertrag zu vereinbarende verstärkte Schutzmaßnahmen beizubehalten oder zu ergreifen.

Entscheidend für die Wahl der Rechtsgrundlage für zahlreiche abfallrelevante Rechtsakte war das Erkenntnis des Europäischen Gerichtshofs zur Rahmenrichtlinie über Abfälle. In diesem Erkenntnis bestätigt der Gerichtshof, daß die Rahmenrichtlinie über Abfälle auf eine effiziente Abfallbewirtschaftung abzielt und daher Art 130s EGV als Rechtsgrundlage heranzuziehen ist. Nunmehr wurde nicht nur die Rahmenrichtlinie über Abfälle, sondern auch die Verbringungsverordnung auf Art 130s EGV gestützt. Geplante Richtlinien betreffend Verbrennungsanlagen sowie Deponien werden auch auf Art 130s EGV gestützt.

Eine Richtlinie muß innerhalb einer bestimmten Frist in den Mitgliedstaaten umgesetzt werden. Jedes Land muß entsprechend seiner Rechtsordnung ein Gesetz oder eine Verordnung erlassen. Verordnungen der EU gelten unmittelbar, d.h. ohne Befassung der nationalen Parlamente oder Ministerien. EG-Verordnungen gibt es z.B. für die grenzüberschreitende Verbringung von Abfällen (EG-Verbringungsverordnung).

Ab Inkrafttreten des Amsterdamer Vertrages gilt folgendes:

- In der Präambel und in Art B des Europäischen Unionsvertrages ist der Begriff „nachhaltige Entwicklung“ integriert.
- Gemäß Art 2 EGV gehört zu den Aufgaben der Gemeinschaft auch die Förderung einer „harmonischen, ausgewogenen und nachhaltigen Entwicklung“, eines „hohen Maßes an Umweltschutz und der Verbesserung der Umwelt“.
- Der neu geschaffene Art 3d EGV gebietet die Einbeziehung der Erfordernisse des Umweltschutzes insbesondere zur Förderung einer nachhaltigen Entwicklung bei der Festlegung und Durchführung der in Art 3 genannten Politiken und Maßnahmen.
- Die Ausnahmebestimmung des Art 100a/4 ff gilt auch für Rechtsakte, die die Kommission im Rahmen ihrer Ausführungskompetenz erlassen kann. Ein Mitgliedstaat kann gemäß Art 100a Abs 4 einzelstaatliche Bestimmungen zum Schutz der Umwelt trotz des Bestehens einer EG-Regelung sowohl beibehalten als auch neu einführen. Im letzteren Fall wird der Handlungsspielraum des Mitgliedstaates allerdings durch das Erfordernis neuer wissenschaftlicher Erkenntnisse sowie spezifischer nationaler Probleme begrenzt.

2.5.2 Richtlinie 75/442/EWG des Rates vom 15. Juni 1975 über Abfälle; geändert durch Richtlinie 91/156/EWG des Rates vom 18. März 1991

Schwerpunkte der Richtlinie sind eine einheitliche Abfallterminologie, Aufzeichnungspflichten, die Entsorgungsautarkie der Gemeinschaft und die Erstellung von Abfallbewirtschaftungsplänen.

Mit Entscheidung der Kommission vom 20. Dezember 1993 wurde ein Abfallverzeichnis gemäß Artikel 1 lit a der Richtlinie 75/442/EWG idgF des Rates über Abfälle veröffentlicht (Europäisches Abfallverzeichnis; EWC). Dieses Verzeichnis erfaßt die im Anhang der Richtlinie angeführten Abfallgruppen. Der Katalog stellt keine abschließende Liste dar. Es besteht kein unmittelbarer Anpassungsbedarf, wenngleich im Rahmen der Berichtspflichten auf die unterschiedliche Struktur bzw. Kodierung Bedacht zu nehmen ist.

2.5.3 Richtlinie 91/689/EWG des Rates vom 12. Dezember 1991 über gefährliche Abfälle, geändert durch die Richtlinie 94/31/EG des Rates vom 27. Juni 1994

In dieser Richtlinie werden für den Umgang mit gefährlichen Abfällen besondere Sorgfaltspflichten auferlegt (z.B. Genehmigungs-, Melde-, Überprüfungs- und Aufzeichnungspflichten).

Die Kommission hat einen Vorschlag für die Änderung dieser Richtlinie vorgelegt. Insbesondere sollen Bestimmungen über die Kennzeichnung und die getrennte Sammlung von gefährlichen Siedlungsabfällen („Problemstoffen") eingeführt werden.

2.5.4 Entscheidung 94/904/EG über ein Verzeichnis gefährlicher Abfälle

Gemäß Art 1 Abs 4 der Richtlinie über gefährliche Abfälle wurde, basierend auf der Grundstruktur des Europäischen Abfallverzeichnisses (EWC), die EU-Liste der gefährlichen Abfälle (HWC) erstellt und am 20. Dezember 1994 als Entscheidung des Rates über ein Verzeichnis gefährlicher Abfälle herausgegeben. Dieses Verzeichnis gefährlicher Abfälle bildet eine erste, verbindliche Minimumliste und umfaßt ca. 230 Abfälle.

Anzumerken ist, daß das Verzeichnis der gefährlichen Abfälle derzeit nur auf den Kriterien H3 bis H8 der Richtlinie über gefährliche Abfälle basiert, obwohl in dieser Richtlinie 15 Gefährlichkeitskriterien vorgegeben sind. Kriterien wie beispielsweise "infektiös" sowie "ökotoxisch" wurden bislang noch nicht näher definiert. Weiterführende Arbeiten zur Präzisierung der Gefährlichkeitsmerkmale sind daher geplant.

Es wurde den Mitgliedstaaten die Möglichkeit eingeräumt, Vorschriften zu erlassen, wonach in Ausnahmefällen nach einem ausreichenden Nachweis von seiten des Abfallbesitzers festgelegt werden kann, daß bestimmte Abfälle, die im Verzeichnis enthalten sind, keine der in Anhang III der Richtlinie 91/689/EWG über gefährliche Abfälle angeführten Gefährlichkeitsmerkmale aufweisen.

Gemäß der Richtlinie über gefährliche Abfälle gelten als gefährliche Abfälle die im Verzeichnis angeführten Abfälle sowie andere Abfälle, die nach Ansicht eines Mitgliedstaates eine der in Anhang III aufgezählten Eigenschaften aufweisen. Diese Abfälle sind der Kommission zu notifizieren. Im Ausschuß zur Anpassung der EG-Abfallgesetzgebung an den wissenschaftlichen und technischen Fortschritt, welcher aus Vertretern der Kommission und der Mitgliedsstaaten besteht, werden diese Abfälle im Hinblick auf eine Änderung des HWC geprüft. Die Mitgliedstaaten haben rund 400 Anträge auf Ergänzung oder Abänderung des HWC der Kommission notifiziert.

Mit der Festsetzungsverordnung 1997 erfolgte die inhaltliche Übernahme der EU-Ratsentscheidung über ein Verzeichnis gefährlicher Abfälle (94/904/EG). Die Festsetzungsverordnung 1997 trat mit 1. März 1998 in Kraft. Mit 1. Juli 2000 wird die taxative Liste gefährlicher Abfälle (Anlage 1 der Verordnung) durch das EU-Verzeichnis gefährlicher Abfälle (HWC) ersetzt. Mit diesem Datum erfolgt damit auch die formale, vollständige Übernahme des EU-Systems. Eine sofortige Implementierung des EWC/HWC-Systems mit der Festsetzungsverordnung 1997 war nicht opportun, da zwischen ÖNORM und EWC wesentliche, strukturelle Unterschiede bestehen und sich das System des EWC/HWC selbst derzeit in einer Überarbeitung befindet. Durch die Festlegung auf den Termin im Jahr 2000 besteht einerseits ausreichend Zeit, die Abfallerzeuger und Sammler mit dem neuen System der Abfallklassifizierung vertraut zu machen, andererseits wird die Überleitung auf ein wesentlich stabileres System erfolgen, als es zum heutigen Zeitpunkt auf Grund der Vielzahl von notifizierten Abänderungen möglich wäre.

2.5.5 Richtlinie 96/59/EG des Rates vom 16. September 1996 über die Beseitigung polychlorierter Biphenyle und Terphenyle (PCB/PCT)

Diese Richtlinie ersetzt die Richtlinie 76/403/EWG, welche nur allgemeine Sorgfaltspflichten, wie insbesondere die Pflicht zur schadlosen Beseitigung, enthielt und sich als ungenügend erwiesen hat. Die neue Richtlinie sieht eine Bestandsaufnahmepflicht, eine Kennzeichnungspflicht, das Verbot der Befüllung von Transformatoren mit PCB sowie die Pflicht zur Dekontaminierung von Transformatoren vor.

Diese Richtlinie ist durch die Halogenverordnung und das Abfallwirtschaftsgesetz umgesetzt. Mit der Novelle 1998 zum Abfallwirtschaftsgesetz wird eine explizite Frist für die Übergabe von gefährlichen Abfällen an befugte Unternehmen festgesetzt sowie das Verbot der Verbrennung von PCBs in nicht genehmigten Anlagen klargestellt.

2.5.6 Richtlinie 91/692/EWG des Rates vom 23. Dezember 1991 zur Vereinheitlichung und zweckmäßigen Gestaltung der Berichte über die Durchführung bestimmter Umweltschutzrichtlinien

Gemäß dieser Richtlinie ist auch für Rechtsakte im Abfallbereich ein Bericht anhand eines Fragebogens alle drei Jahre zu erstellen. Die Kommission veröffentlicht innerhalb von neun Monaten nach Erhalt der einzelstaatlichen Berichte einen Gemeinschaftsbericht. Der erste Bericht muß für den Zeitraum 1995 bis 1997 erstellt werden und ist der Kommission bis September 1998 zu übermitteln.

Gemäß der Entscheidung der Kommission vom 24. Oktober 1994 wurden für die Altölrichtlinie, die Richtlinie über Abfälle und die Klärschlammrichtlinie Fragebögen erstellt, wobei die Umsetzung in einzelstaatliches Recht und die Anwendung der Richtlinie (z.B. Maßnahmen, Emissionsgrenzwerte, Verfahren etc.) erfragt werden. Weiters wurden Fragebögen zur Richtlinie über gefährliche Abfälle, zur Verpackungsrichtlinie und zur Richtlinie über die Verbrennung gefährlicher Abfälle ausgearbeitet.

Die Richtlinie über PCB und PCT verpflichtet die Mitgliedstaaten zur Übermittlung von Bestandsaufnahmen der PCB-haltigen Geräte sowie eines Planes zur Dekontaminierung dieser Geräte.

Darüber hinaus ist entsprechend der Richtlinie für gefährliche Abfälle die Mitteilung von Anlagen oder Unternehmen, die gefährliche Abfälle überwiegend im Auftrag Dritter beseitigen und/oder verwerten und die voraussichtlich dem in der Rahmenrichtlinie genannten integrierten Netz von Abfallbehandlungsanlagen angehören, vorgesehen.

Weiters enthalten die Richtlinie über die Verbrennung gefährlicher Abfälle, die Verbringungsverordnung sowie die Richtlinie über Verpackungen und Verpackungsabfälle Berichtspflichten über erforderliche Umsetzungsmaßnahmen. Die Mitgliedstaaten haben der Kommission einmal jährlich etwaige Änderungen der Daten mitzuteilen.

Die Richtlinie über Verpackungen und Verpackungsabfälle sieht zusätzlich die Pflicht zur Übermittlung von Daten über Umfang, Merkmale und Entwicklung des Verpackungs- und Verpackungsabfallaufkommens unter Benutzung harmonisierter Datenbanken vor.

Nach dem Basler Übereinkommen über die grenzüberschreitende Verbringung gefährlicher Abfälle und ihrer Entsorgung ist jährlich ein Bericht über den Export bzw. Import gefährlicher Abfälle an das Basler Sekretariat sowie eine Kopie des Berichts an die Kommission zu übermitteln.

2.5.7 Richtlinie 96/61/EG des Rates vom 24. September 1996 über die integrierte Vermeidung und Verminderung der Umweltverschmutzung

Die IPPC-Richtlinie (Integrated Pollution Prevention and Control) findet als "Rahmenrichtlinie" auch für Abfallbehandlungsanlagen (Deponien und Verbrennungsanlagen) Anwendung. Sie enthält folgende wesentliche Elemente:

- Explizite und umfassende Verankerung des integrierten Ansatzes (Dieser soll dadurch erreicht werden, daß Emissionen in die Umweltmedien Luft, Wasser und Boden soweit wie möglich vermieden bzw. vermindert werden.)
- Öffentlichkeitsbeteiligung bei Genehmigungsverfahren
- Genehmigungserneuerung – Anpassung an den Stand der Technik
- Informationsaustausch über die verfügbaren Technologien im Sinne des integrierten Ansatzes
- Betreiberpflichten

2.5.8 Projekt „Priority Waste Streams“

Neben der Erarbeitung von Richtlinien hat die EU-Kommission mit dem Projekt **"Priority Waste Streams"** einen neuen Ansatz betreffend die Entwicklung von einheitlichen Normen, bei denen die Experten der betroffenen Wirtschaftskreise ebenso wie Behörden umfassend einbezogen werden, verfolgt. In diesen Projekten wurden Zielvorgaben bzw. Programme zur Vermeidung, Wiederverwendung, Verwertung und umweltgerechten Entsorgung festgelegt. Das Projekt umfaßt folgende Abfallarten:

- Altreifen (inkludiert im Vorschlag einer Deponierichtlinie)
- chlorierte Lösemittel
- medizinische Abfälle
- Altautos (Richtlinienvorschlag)
- Baurestmassen
- Elektronikschrott (Richtlinienvorschlag)
- Problemstoffe (Richtlinienvorschlag)

Die Ergebnisse sollen der Europäischen Kommission auch als Entscheidungsgrundlage für die Notwendigkeit und den Inhalt allfälliger Richtlinien dienen.

3 ABWICKLUNG DER ARBEITEN

3.1 Informationsgrundlagen

Zuverlässigkeit und Präzision von Angaben zum Abfallaufkommen sind je nach Abfallart unterschiedlich. Unterlagen aus Verwaltungsverfahren zur Genehmigung von Anlagen oder aus der Kontrolle liefern wesentliche Informationen über die Betriebsweise und technische Ausstattung von Anlagen sowie über deren Kapazitäten. Daten aus dem Abfalldatenverbund geben Auskunft über Art, Menge, Herkunft und Verbleib von gefährlichen Abfällen und damit über die nachweislich entsorgten gefährlichen Abfälle.

Regelungen des Bundes schreiben eine Nachweispflicht über die Entsorgung von gefährlichen Abfällen und über die Ablagerung von Abfällen auf Deponien vor. Dadurch können Materialflüsse von gefährlichen Abfällen und von Abfällen aus Haushalten und ähnlichen Einrichtungen gut abgebildet werden.

Über innerbetriebliche Abfallströme sowie über nicht gefährliche Abfälle aus Gewerbe und Industrie liegen nur wenige Daten vor. Diese wurden durch Erhebungen und Hochrechnungen des Umweltbundesamtes ergänzt.

Auch zur Abschätzung von Möglichkeiten zur Vermeidung und Verwertung von Abfällen sind trotz erster, guter Ergebnisse in Österreich – aber auch international – Fachgrundlagen erst ansatzweise bzw. nur für einzelne Sparten vorhanden.

Daten stammen derzeit im wesentlichen aus

- statistischen Erhebungen des Bundes, der Länder, der Kammern und Verbände,
- Spezialstudien, die zur Lösung von Einzelfragen erstellt wurden sowie aus
- Verwaltungsunterlagen.

Zukünftig wird der Informationsbedarf steigen, da einerseits bereits heute immer komplexere Fragestellungen zu beantworten sind und andererseits ab 1998 eine Reihe von Berichtspflichten an die EU zu erfüllen sind.

Insgesamt stellt sich das Problem, daß das Abfallwirtschaftsgesetz die Forderung nach detaillierter Planung stellt, ohne jedoch eine umfassende Verpflichtung zur Bereitstellung dafür notwendiger Grundlagen und Daten geschaffen zu haben. Es ist daher notwendig, die Datenermittlung zum Teil mit Annahmen bzw. Hochrechnungen zu vervollständigen. Durch intensive Recherchen sowie die Bewertung vorliegender Informationen wurde allerdings eine bestmögliche Datenbasis geschaffen, sodaß die vorliegenden Angaben zu Massenpotentialen als authentische Daten zu bewerten sind.

Um den Wissensstand über praktikable Lösungen zur Vermeidung und Verwertung industrieller und gewerblicher Abfälle zu vertiefen, ist es notwendig, die bisherigen Arbeiten durch Detailstudien zu den verschiedenen Branchen bzw. Abfallstoffen zu ergänzen.

Zur schrittweisen Verbesserung der abfallwirtschaftlichen Datenlage, vor allem für Kontrollzwecke, für die Erstellung des Bundes-Abfallwirtschaftsplanes und für die Erfüllung von Berichtspflichten gegenüber der EU können folgende Maßnahmen beitragen:

- Erhöhung des Informationsgehaltes auf Begleitscheinen für gefährliche Abfälle (Branchenzugehörigkeit und Art der Behandlung)
- Verringerung des administrativen Aufwandes bei der Dateneingabe im Abfalldatenverbund durch Automatisierung (dzt. werden Testläufe mit dem Magistrat Wien, MA 22, durchgeführt)

- Verstärkte Kontrollen der Aufzeichnungspflichten gemäß Abfallnachweisverordnung
- Erstellung einer Abfalljahresbilanz durch Abfallbesitzer und schrittweise Einführung jährlicher Meldungen von nicht gefährlichen Abfällen durch Abfallsammler und -behandler
- Ausbau von abfallwirtschaftlichen Datenbanken

3.2 Zeitliche und räumliche Abgrenzung

Die Auswertungen der Begleitscheindaten aus dem Abfalldatenverbund erfolgte im wesentlichen für die Bezugsjahre 1992 bis 1996 mit Datenstand 11.8.1997. Dabei ist davon auszugehen, daß zu diesem Zeitpunkt (11.8.1997) für das Bezugsjahr 1996 bereits rd. 99 % der Begleitscheine erfaßt waren.

Angaben zu Verwertungs- und Behandlungsanlagen, z.B. Anlagenart, Standort, Betreiber, Kapazitäten, basieren überwiegend auf Informationen der Ämter der Landesregierungen und beziehen sich im allgemeinen auf das Jahr 1996. Darüber hinaus wurden jedoch auch Angaben von Betreibern von Abfallbehandlungsanlagen berücksichtigt, die bis Feber 1998 im Umweltbundesamt eingelangt sind und in die abfallwirtschaftliche Anlagen- und Stoffdatenbank eingearbeitet wurden.

Die Angaben zum Massenpotential für gefährliche Abfälle beruhen überwiegend auf der Studie des Umweltbundesamtes „Analyse von Massenangaben für ausgewählte gefährliche Abfälle“ (UBA-BE-088, Juni 1997), sowie auf Ergebnissen von Branchenkonzepten, Angaben der Ämter der Landesregierungen, sonstigen Spezialstudien und Expertenangaben. Obwohl es sich dabei vorwiegend um Annahmen handelt, geben sie trotzdem einen realistischen Überblick über die abfallwirtschaftliche Situation im Bereich der gefährlichen Abfälle in Österreich.

4 BESTANDSAUFNAHME

4.1 Grundstruktur des Abfalldatenverbundes

Das Abfallerfassungssystem, das in Österreich die längste Funktionsdauer aufweist, ist der Abfalldatenverbund (AbfDV). Er wurde zur Kontrolle von **gefährlichen** Abfällen von der Erzeugung bis zur Behandlung eingerichtet. Die Begleitscheinpflicht für gefährliche Abfälle besteht zwar seit dem Jahr 1984, der Abfalldatenverbund als bundesweite Einrichtung zur Erfassung und Verarbeitung der Daten wurde jedoch erst im Jahr 1990 durch das AWG eingerichtet:

§ 38 Abs 1 AWG
Der Bundesminister für Umwelt, Jugend und Familie hat .... beim Umweltbundesamt einen Datenverbund zur Kontrolle von Art, Menge, Herkunft und Verbleib der gefährlichen Abfälle einzurichten.

Verschiedene im AWG festgelegte Meldepflichten, die zum Teil in der Abfallnachweisverordnung näher ausgeführt sind, bilden die Datenbasis des Abfalldatenverbunds:

- Meldepflicht der Erzeuger von gefährlichen Abfällen und Altölen (§13 AWG)
- Erlaubnispflicht für Abfallsammler und -behandler (§ 15 AWG)
- Begleitscheinpflicht für die Übergabe von gefährlichen Abfällen und Altölen (§ 19 AWG)

Der Abfalldatenverbund enthält daher sowohl Informationen über die Besitzer gefährlicher Abfälle (Name, Adresse, etc.) als auch Daten über die Entsorgungswege der gefährlichen Abfälle und Altöle.

Darüber hinaus sind im Abfalldatenverbund auch die Daten über grenzüberschreitende Verbringungen von gefährlichen und nicht gefährlichen Abfällen, sofern sie gemäß der EU-Abfallverbringungs-Verordnung notifizierungspflichtig sind (§ 36 AWG), gespeichert. In Zukunft werden auch die Daten über Ausstufungen von gefährlichen Abfällen im Abfalldatenverbund erfaßt werden (§ 13 Abs 3, Entwurf zur AWG-Novelle 1997).

Die bundesweit und aktuell zu führende Datenbasis über Abfallbesitzer und Begleitscheine ist auf neun lokale Länderdatenbanken und eine zentrale Bundesdatenbank verteilt (Abbildung 1).

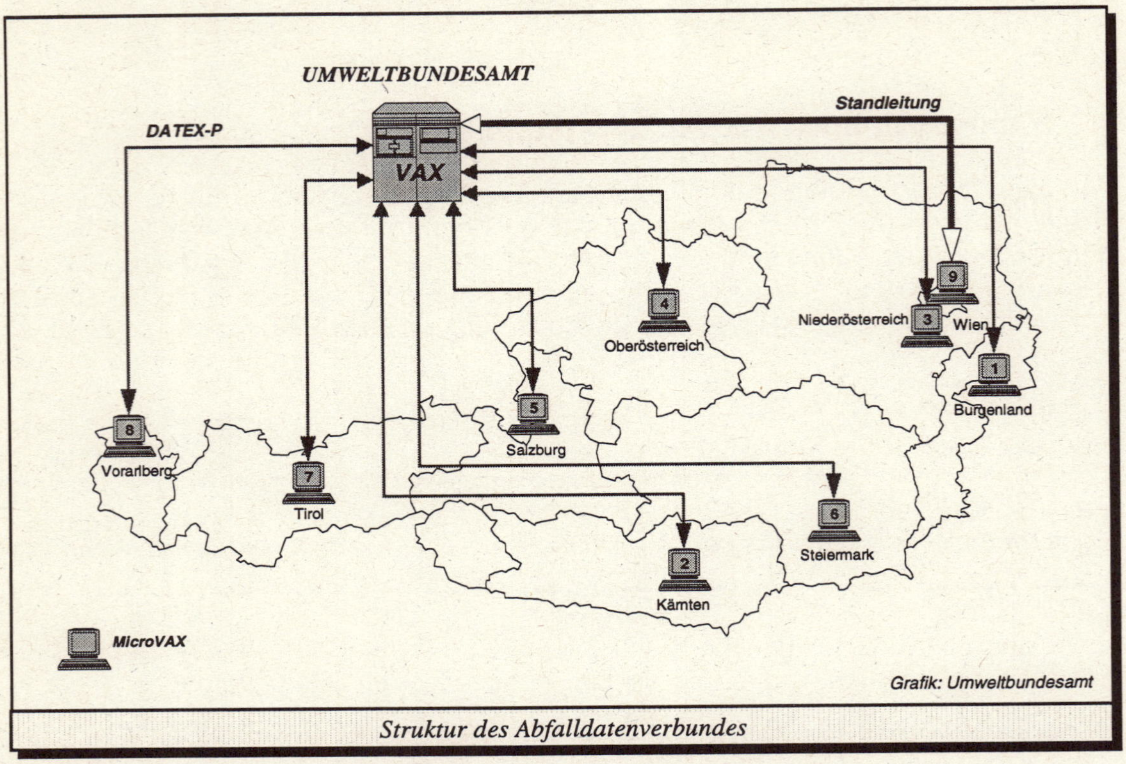

Abbildung 1: Verbindung der Datenbanken im Abfalldatenverbund

Der **Datenverbund** ist gekennzeichnet durch:

- Lokale Datenerfassung und -verarbeitung mittels Client/Server-Applikationen (Software und Datenbankserver vom Bund zur Verfügung gestellt) in allen Ämtern der Landesregierung
- Regelmäßigen Datenaustausch zwischen der Zentraldatenbank im Umweltbundesamt und den lokalen Datenbanken in den Ämtern der Landesregierung
- Zugriff für jeden Landeshauptmann auf sämtliche Daten, die im Datenverbund enthalten sind
- Datenübermittlung über elektronische Speichermedien für Abfallbesitzer, die ihre Begleitscheindaten bereits EDV-mäßig aufbereitet haben. Dadurch entfällt die Erfassungsarbeit bei den Ämtern der Landesregierung
- Bereitstellung einer statistisch aufbereiteten Datenbasis

4.1.1 Begriffsbestimmungen

- **Abfallbesitzer** sind natürliche oder juristische Personen, die als Erzeuger, Sammler oder Behandler von Abfällen tätig sind.
- **Abfallerzeuger** ist, wer eine Tätigkeit ausübt, bei welcher **gefährliche** Abfälle anfallen. Es besteht nach § 4 AbfallnachweisVO Meldepflicht gegenüber dem jeweiligen Landeshauptmann.
- **Abfallsammler** ist, wer **gefährliche** Abfälle abholt oder entgegennimmt. Diese Tätigkeit bedarf nach § 15 AWG einer Erlaubnis des Landeshauptmannes.
- **Abfallbehandler** ist, wer **gefährliche** Abfälle verwertet, ablagert oder sonst behandelt. Diese Tätigkeit bedarf nach § 15 AWG einer Erlaubnis des Landeshauptmannes.

- **Abfallübergeber** ist, wer Abfälle an einen anderen Abfallbesitzer übergibt.
- **Abfallübernehmer** ist, wer Abfälle von einem anderen Abfallbesitzer übernimmt.
- **Begleitscheine** müssen bei jedem Transport von **gefährlichem** Abfall mitgeführt werden (§ 20 AWG).

4.1.2 Begleitscheinsystem gemäß §§ 5 und 6 AbfallnachweisVO

Der Begleitschein besteht aus einem Durchschreibeformular mit 4 Scheinen. Er muß spätestens bei der physischen Übergabe des Abfalls an den Transporteur mit den erforderlichen Daten ausgefüllt sein.

Der Übergeber erhält für seine Aufzeichnungspflicht den Schein 4 (unterster Schein). Die Scheine 1, 2 und 3 müssen beim Transport mitgeführt werden. Schein 2 bleibt nach vollständiger Ausfüllung (allenfalls Korrektur) zur Erfüllung der Nachweispflicht beim Übernehmer. Schein 3 wird an den Übergeber retourniert (insbesondere zur Kenntnisnahme von Korrekturen). Schein 1 (oberstes Blatt) ist innerhalb von drei Wochen an den für den Übernehmer zuständigen Landeshauptmann zu übermitteln.

Bei jeder Übergabe ist ein neuer Begleitschein auszustellen. Für Abfallübernehmer mit besonders hohem Aufkommen an Begleitscheindaten besteht die Möglichkeit, nicht den Begleitschein als solchen, sondern die Daten des Begleitscheines auf elektronischem Weg dem jeweils zuständigen Landeshauptmann zu übermitteln (Abbildung 2).

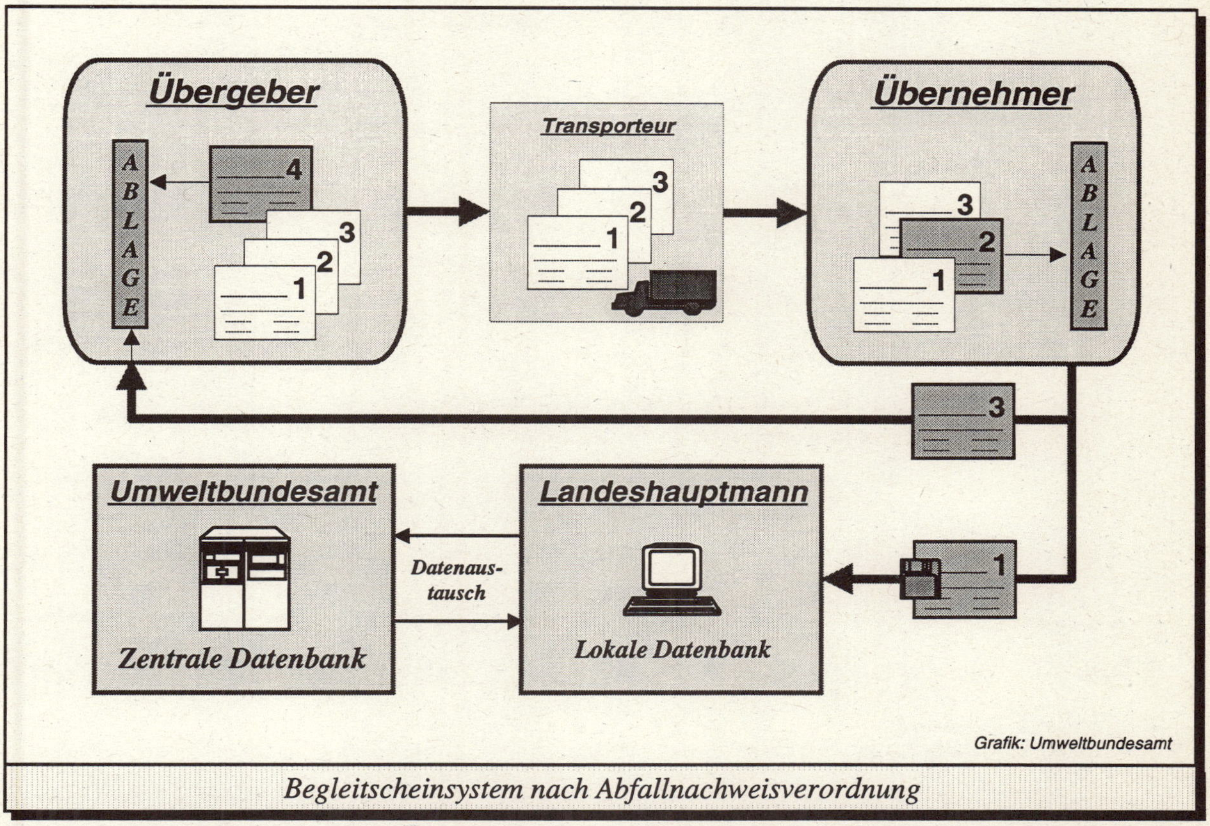

Abbildung 2: Begleitscheinsystem

4.1.3 Datenerfassung und Datenaustausch

Die Daten der Abfallerzeuger, die Begleitscheindaten, die Abfallbesitzerstammdaten (das sind im wesentlichen Name und Adressen) sowie die Daten über §15-Genehmigungen der Abfallsammler und -behandler werden beim Landeshauptmann in die lokale Datenbank erfaßt und beim Datenaustausch an die zentrale Datenbank des Umweltbundesamtes weitergeleitet. Informationsdatensätze über Abfallbesitzerstamm und §15-Genehmigungen werden an die lokalen Datenbanken weitergeleitet. Daten von Transporten, welche Ländergrenzen überschreiten, werden nur an das Land weitergeleitet, in dem der gefährliche Abfall übergeben wurde. Die vom Bund erfaßten Daten über Genehmigungen von Importen oder Exporten von Abfällen werden ebenfalls an die Landesrechner übermittelt (Abbildung 3).

In jeder lokalen Datenbank werden daher – zusätzlich zu den eigenen – alle Daten über Abfallbesitzerstamm, über Genehmigungen für Abfallsammler und -behandler sowie über Importe und Exporte geführt. Das Umweltbundesamt verfügt über eine zentralen Datenbank, in der alle Daten des gesamten Bundesgebietes gespeichert sind.

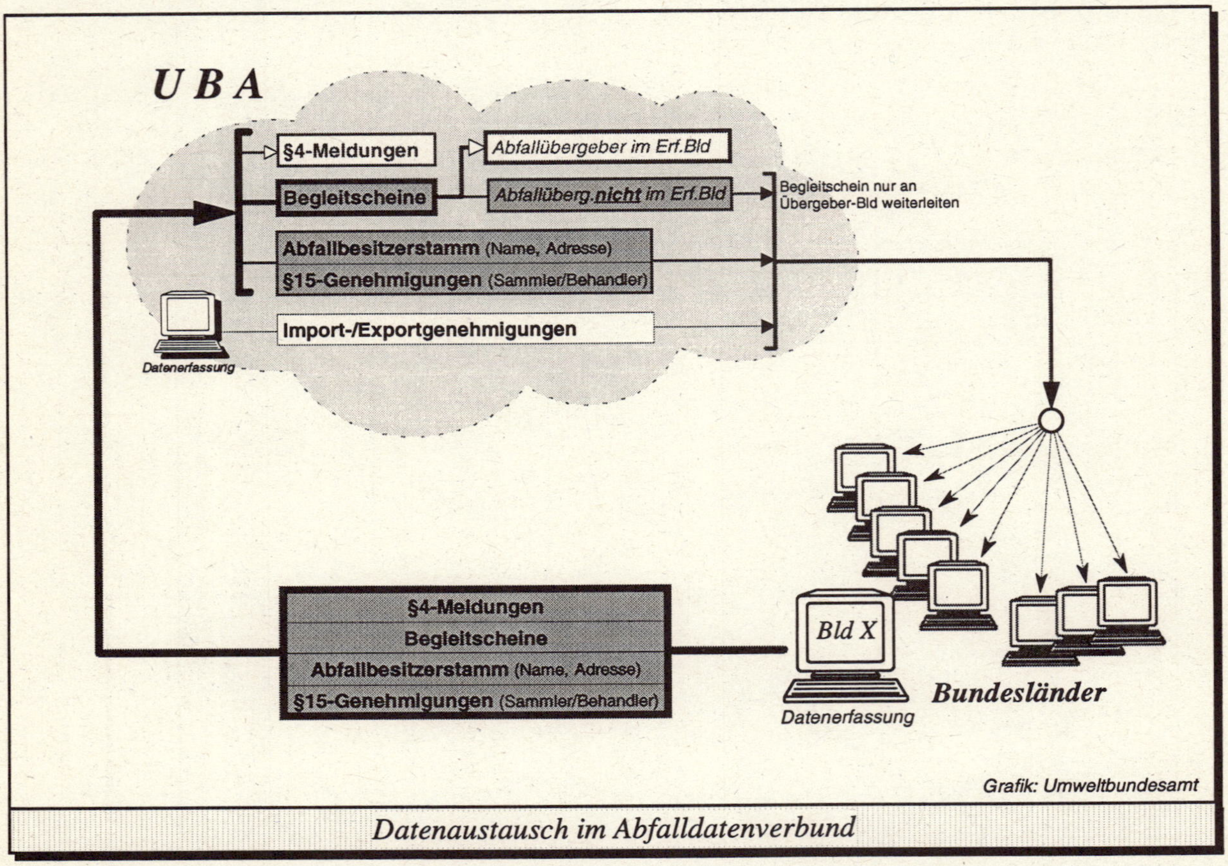

Abbildung 3: Datenerfassung und Datenaustausch

4.1.4 Datenverwaltung

Die in den Ländern erfaßten Daten über Abfallbesitzer und -transporte (gefährlicher Abfälle) können mit der dort installierten Anwendungssoftware verändert, nach Kriterien aufgelistet, ausgedruckt oder in Dateien ausgelagert werden. Letztere Funktion ermöglicht einen Transfer von Daten auf andere Medien wie z.B. Notebooks. Damit wird z.B. im Außendienst die Kontrolle von Abfallbesitzern erleichtert oder – vom AbfDV unabhängig – statistisches Bearbeiten der Daten möglich.

4.1.5 Liste der Sammler und Behandler gefährlicher Abfälle

Eine jährlich aktualisierte Liste aller Abfallsammler und -behandler und deren Genehmigungen zur Übernahme von gefährlichen Abfällen, erstellt aus den Abfallbesitzerdaten des Abfalldatenverbundes, wird auf Anforderung wahlweise als Heft oder auf Diskette im Winwordformat bzw. ASCII-Datenformat (für die Übernahme in eine Datenbank) zur Verfügung gestellt. Weiters werden die Daten auch im Internet auf der Homepage des Umweltbundesamtes (http://www.ubavie.gv.at) gezeigt bzw. zur Abholung bereitgestellt. Derzeit wird eine Internet-Applikation zur interaktiven Abfrage der Sammler und Behandler gefährlicher Abfälle mit wöchentlich aktuellem Datenstand ausgearbeitet.

4.1.6 Begleitscheindatenaufbereitung für Abfallwirtschaftsplanung und -kontrolle

Zusätzlich zu den in der Grundausstattung vorgesehenen Auswertungen für die Kontrollfunktion des Abfalldatenverbundes wurden und werden Begleitscheindaten immer häufiger für folgende Anwenderbereiche aufbereitet:

- Abfallplanung (z.B. Basisdaten für den Bundes-Abfallwirtschaftsplan)
- Öffentlichkeit (standardisierte und anonymisierte Jahresabfallsummen)
- Abfallkontrolle (Exekutive, Kriminalbehörden)
- Abfallstudien für Branchen, Abfallarten oder Regionen (z.B. Abfallströme)

Weiters wurde der Zugang für die Öffentlichkeit bzw. für autorisierte Experten aus Bund und Ländern zu den aufbereiteten Daten wesentlich erleichtert. So wird z.B. zusätzlich zur regelmäßigen gedruckten Veröffentlichung des Umweltbundesamtes „Gefährliche Abfälle in Österreich“ (UBA-BE-011 – erscheint als Ergänzung zum Bundes-Abfallwirtschaftsplan) auch eine Ausgabe in der Internet-Homepage des Umweltbundesamtes bereitgestellt.

In einem mit Paßwort geschützten Bereich (Datenschutz) der Internet-Homepage erscheinen vorgefertigte Standard- und Spezialauswertungen auf Abfallbesitzerebene.

4.2 Auswertungen aus dem Abfalldatenverbund

4.2.1 Datenmengen

Die Anforderungen an den AbfDV sind seit der Inbetriebnahme im Jahr 1990 sowohl quantitativ als auch qualitativ umfangreicher geworden. Einerseits wurde der Katalog für gefährliche Abfälle laufend erweitert, sodaß Abfälle wie z.B. Altbatterien, Leuchtstoffröhren, Computerschrott, Speisefette oder Altautos begleitscheinpflichtig wurden. Dadurch erhöhte sich die Zahl der jährlich registrierten Begleitscheine stetig. Im gleichen Ausmaß stieg die Zahl von Abfallbesitzern, welche mindestens einmal jährlich gefährlichen Abfall weitergeben (Abbildung 4).

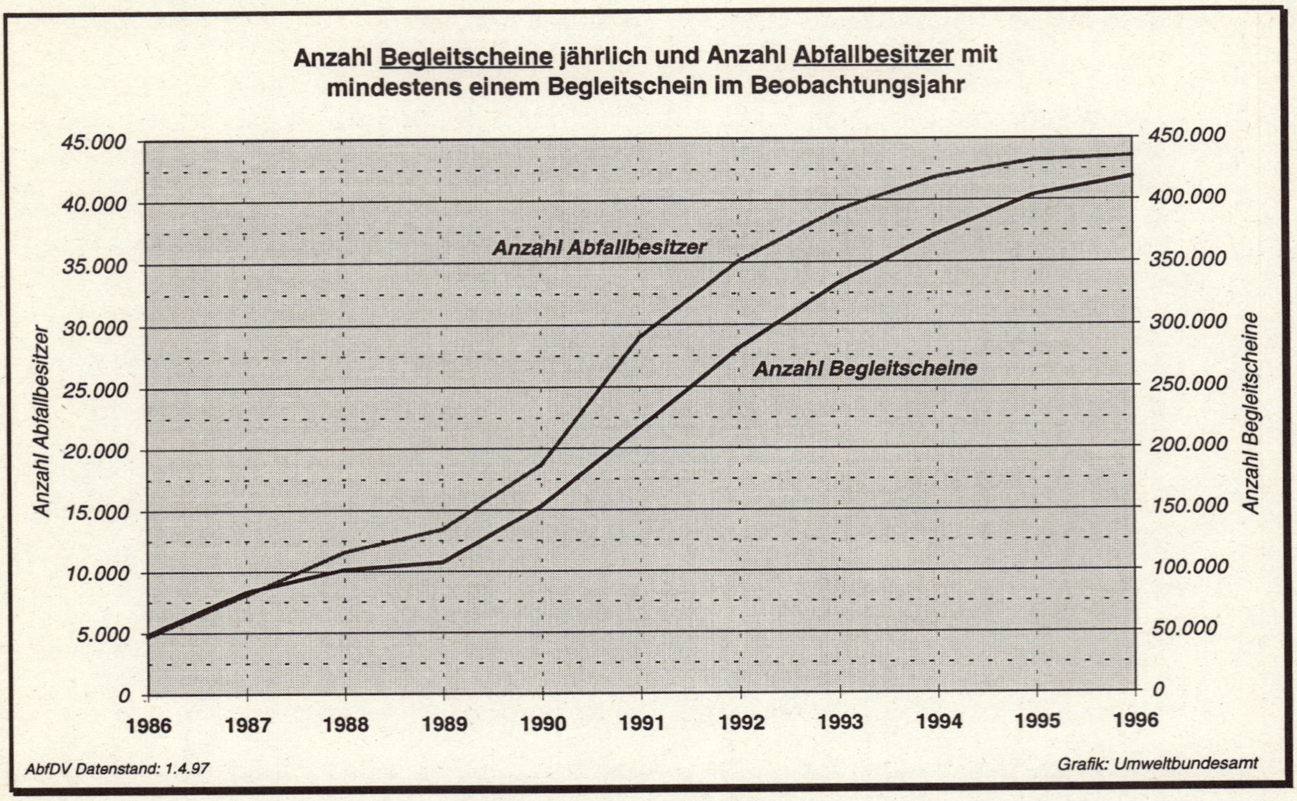

Abbildung 4: Entwicklung der Meldungen von Abfallbesitzern sowie der Begleitscheinanzahl seit 1986

Andererseits wurden – zusätzlich zu der vorgesehenen Kontrollaufgabe – infolge der jetzt über mehrere Jahre reichenden vergrößerten Datenbasis, auch Jahresstatistiken, welche unter anderem der Abfallwirtschaftsplanung dienen oder Datenauswertungen für die Analyse von Abfallströmen einzelner Wirtschaftsbranchen immer bedeutender.

Derzeit werden jährlich (mit noch immer leicht steigender Tendenz) rd. 420.000 Transporte gefährlichen Abfalls auf Begleitscheinen dokumentiert. Darauf sind Informationen über die Tätigkeit von rd. 43.000 Abfallerzeugern und rd. 600 Abfallübernehmern (befugte Sammler und Behandler) enthalten (Abbildung 4). Insgesamt sind etwa 83.000 Abfallbesitzer mit 265.000 zugehörigen Abfallmeldungen/-genehmigungen und über 2,5 Mio Begleitscheine in der Zentraldatenbank vorhanden.

Seit dem Inkrafttreten der Festsetzungsverordnung im Jahre 1991 ist die Anzahl der übergebenen Begleitscheine von rd. 220.000 auf rd. 420.000 angestiegen. Obwohl Fette und Frittieröle nur einen relativ geringen Anteil am Gesamtanfall gefährlicher Abfälle aufweisen (rd. 1,5 %), machen die für diese Abfälle ausgestellten Begleitscheine durchschnittlich 12 % oder rd. 50.000 der Gesamtanzahl an Begleitscheinen aus (Abbildung 5) Mit Inkrafttreten der Festsetzungsverordnung 1997 am 1.3.1998 fällt jedoch die Begleitscheinpflicht für Altspeisefette weg, da diese ab dem genannten Zeitpunkt nicht mehr als gefährliche Abfälle eingestuft sind.

Bei der Betrachtung der letzten Jahre zeigt sich, daß die größte Anzahl an Begleitscheinen im Land Niederösterreich und die kleinste in Burgenland erfaßt wird. Der Anteil an Begleitscheinen, auf denen Exporte nachgewiesen werden, beträgt dabei weniger als ein halbes Prozent (Abbildung 6).

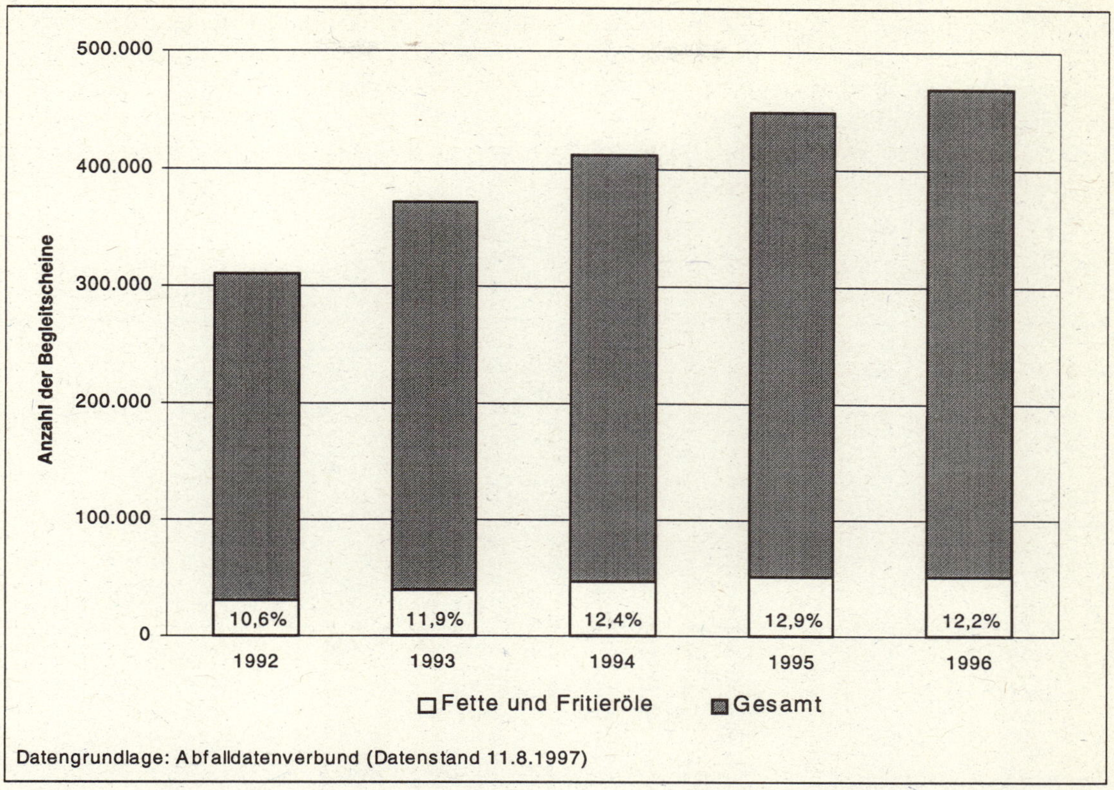

Abbildung 5: Anteil der Begleitscheine für Fette und Fritieröle (SN 12302) an der Gesamtanzahl

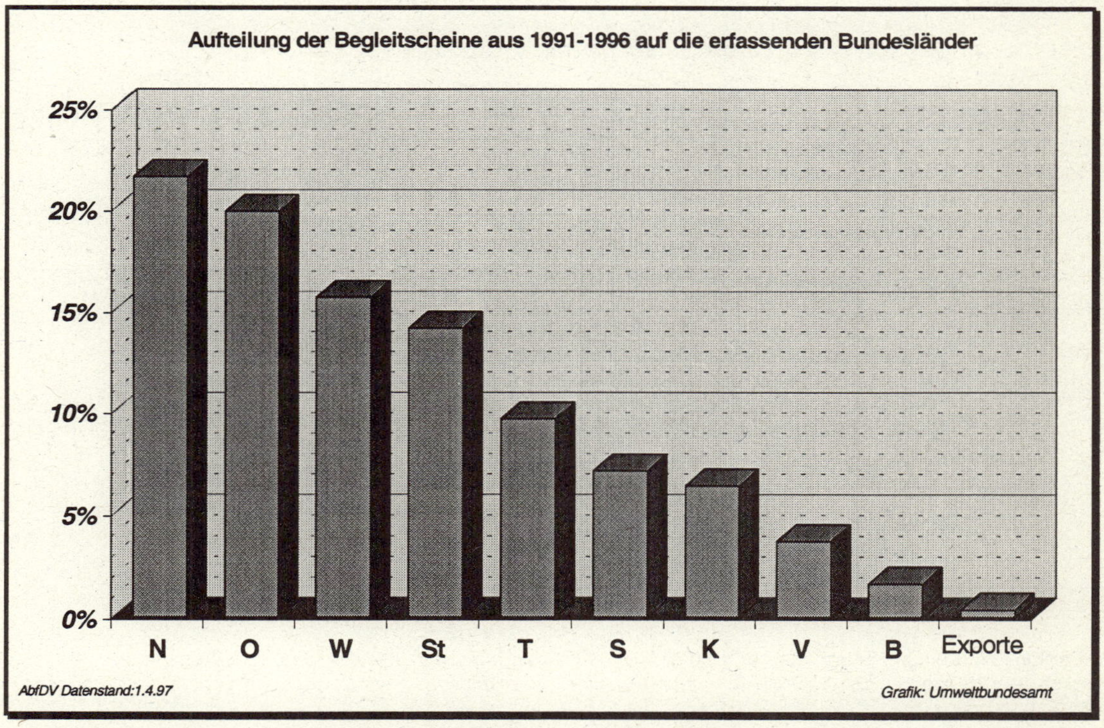

Abbildung 6: Aufteilung der Begleitscheine aus 1991 - 1996 auf die erfassenden Bundesländer

Als Gesamtsicht über das Begleitscheinaufkommen werden auch Kreuztabellen wie z.B. *„Anzahl Transporte zwischen Bundesländern“* verwendet. Der größte Anteil der Transporte gefährlicher Abfälle wird **innerhalb** der Bundesländer durchgeführt. Dies ist auch aus der entsprechenden Tabelle für das Jahr 1995 (Tabelle 1) ersichtlich. Allerdings ist der Anteil der Transporte zwischen den Ländern Niederösterreich, Oberösterreich, Steiermark und Wien größer als im restlichen Bundesgebiet.

Tabelle 1: Anzahl der im Jahr 1995 mit Begleitschein gemeldeten Transporte

von \ nach	Ausland	Burgenland	Kärnten	Nieder-österreich	Ober-österreich	Salzburg	Steiermark	Tirol	Vorarlberg	Wien	***Gesamt***
Ausland	-	-	339	-	149	38	21	43	515	-	***1.105***
Burgenland	-	**6.926**	10	3.863	1.053	136	643	23	2	415	***13.071***
Kärnten	10	1	**20.416**	572	581	347	1.935	750	33	895	***25.540***
Niederösterreich	93	242	423	**55.620**	11.003	1.044	5.391	230	446	9.037	***83.529***
Oberösterreich	42	3	827	2.267	**56.825**	1.735	1.191	236	131	2.426	***65.683***
Salzburg	-	-	507	626	936	**20.090**	715	362	41	787	***24.064***
Steiermark	141	114	721	4.545	2.386	1.082	**47.696**	244	16	2.141	***59.086***
Tirol	48	-	865	218	659	1.022	416	**35.352**	313	1.014	***39.907***
Vorarlberg	133	-	47	74	290	206	150	659	**15.576**	320	***17.455***
Wien	120	27	759	19.577	9.483	1.691	2.520	408	211	**39.379**	***74.175***
Gesamt	***587***	***7.313***	***24.914***	***87.362***	***83.365***	***27.391***	***60.678***	***38.307***	***17.284***	***56.414***	**403.615**

Datengrundlage: Abfalldatenverbund (Datenstand 1.4.97)

4.2.2 Auswertungen der Primärabfälle für die Jahre 1992 bis 1996

Mit Datenstand vom 11.8.1997 wurden für das Jahr 1996 rd. 592.000 Tonnen Primärabfälle[4] gemeldet. Es handelt sich dabei um gefährliche Abfälle gemäß Festsetzungsverordnung 1991 (Kategorie A bis F, siehe dazu auch Kapitel 2.1). Gegenüber 1995 ist dies ein Anstieg von rd. 5,5 % und entspricht dem Trend der letzten Jahre. Der zeitliche Verlauf dieser Massen im Abfalldatenverbund ist in Abbildung 7 gegliedert nach Abfallgruppen dargestellt. Daraus ist ersichtlich, daß es in den letzten Jahren bei nahezu allen Abfallgruppen einen Massenanstieg gegeben hat.

Die mittels Begleitscheinen als erzeugt gemeldeten gefährlichen Abfälle gemäß Festsetzungsverordnung 1991 sind für die Jahre 1994 bis 1996 im ANHANG I dargestellt.

[4] **Primärabfälle** sind definiert als gefährliche Abfälle, die vom jeweiligen Abfallbesitzer mit der Erzeugernummer „1“ auf dem Begleitschein zur externen Behandlung übergeben wurden. Vom Erzeuger gemeldete, innerbetrieblich behandelte Abfälle werden nicht zu den Primärabfällen gerechnet.

Innerbetrieblich behandelte Abfälle sind gefährliche Abfälle, die vom Abfallerzeuger selbst behandelt, nicht aber innerbetrieblich verwendet oder verwertet werden. Der Nachweis der innerbetrieblichen Behandlung gefährlicher Abfälle muß ebenfalls mit Begleitscheinen erfolgen.

Primärabfälle 1996 - Größte Massen

100 % = 592.000 t

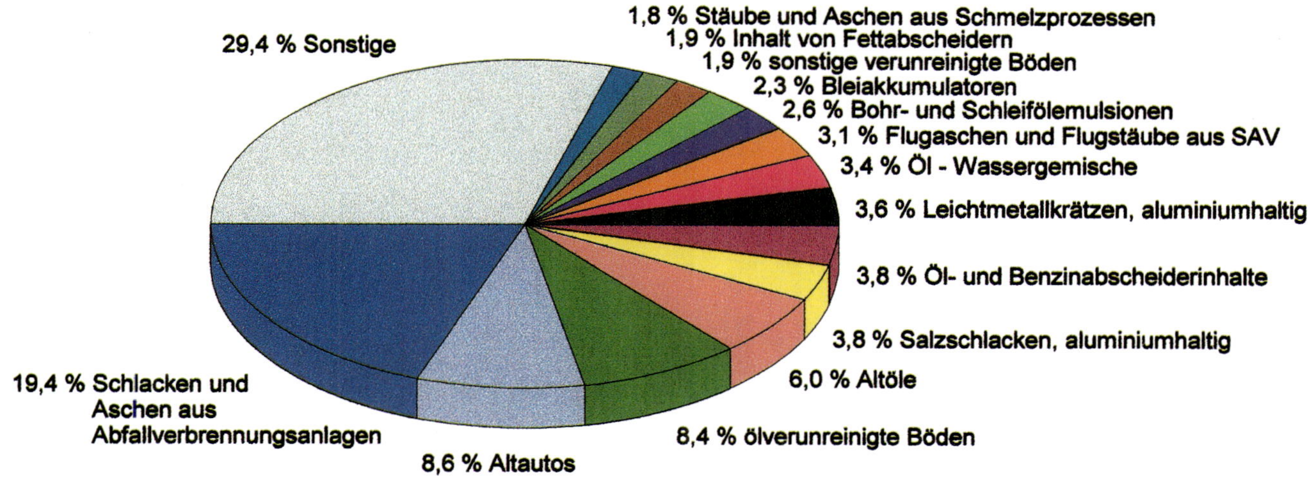

Primärabfälle 1996 - Anteil der Bundesländer *

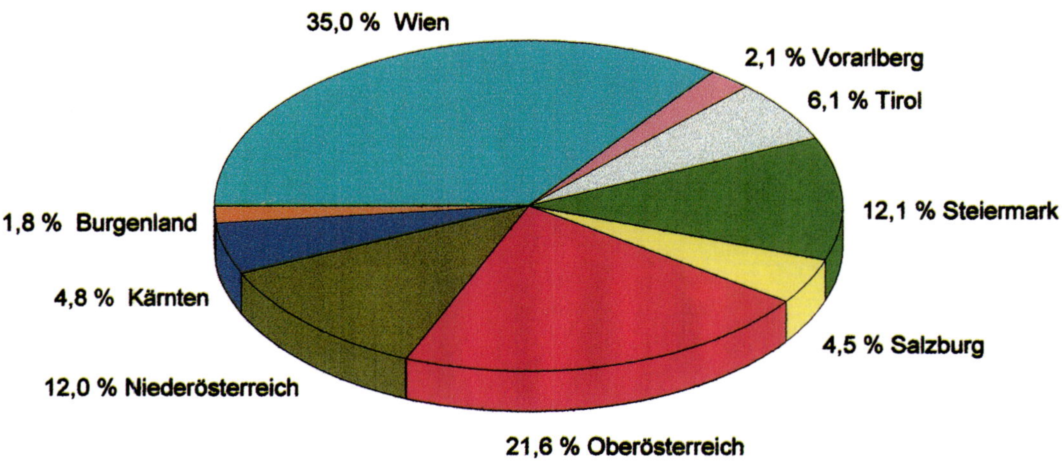

Anmerkungen:
Datengrundlage: Abfalldatenverbund (Datenstand 11.8.1997).
Einstufung gefährlicher Abfälle gemäß Festsetzungsverordnung 1991.
*...Die Zuordnung der Begleitscheindaten erfolgte nach dem Firmensitz.

Umweltbundesamt
Juni 1998

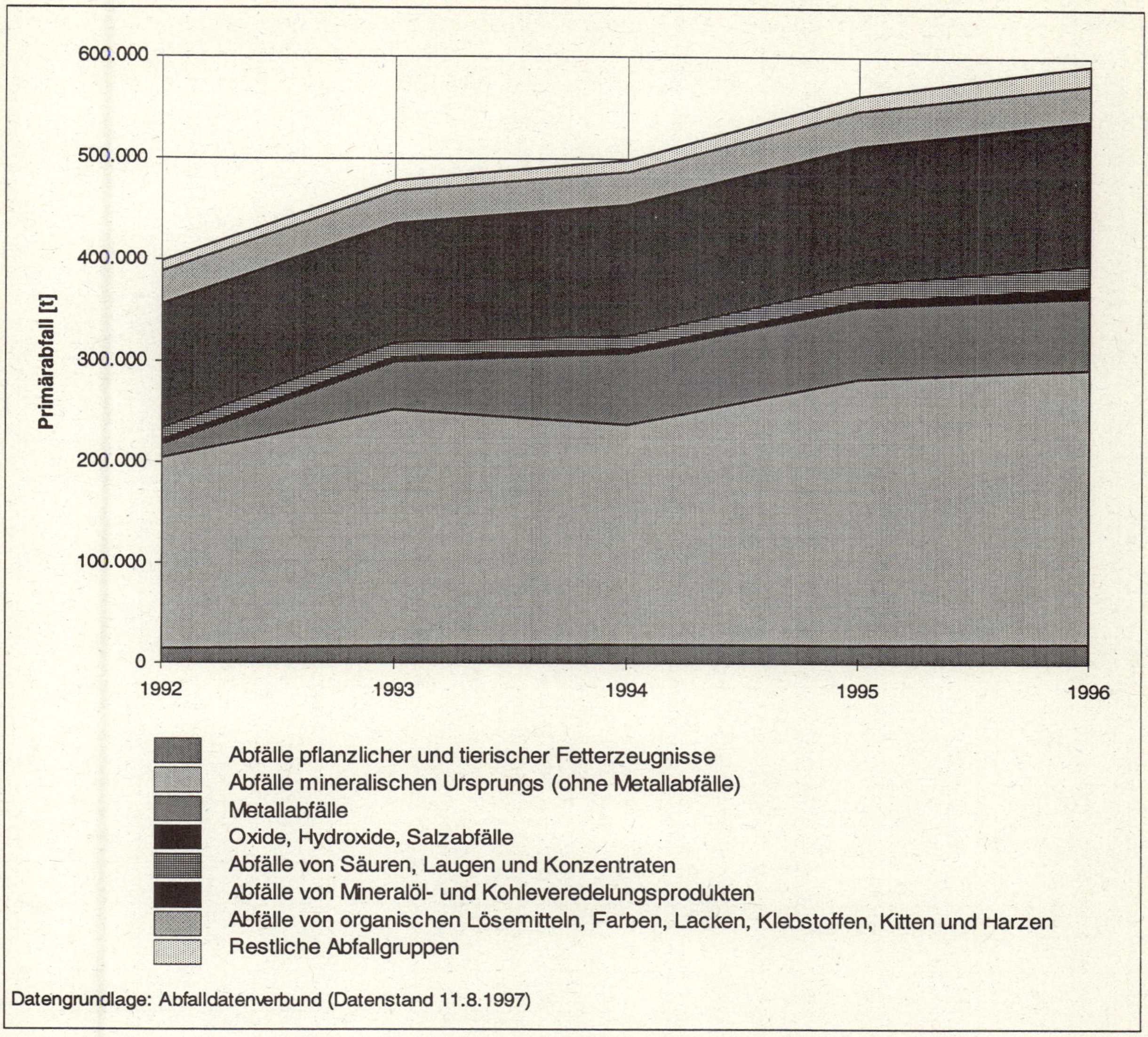

Abbildung 7: Entwicklung der Primärabfälle 1992 - 1996, Einstufung gefährlicher Abfälle gemäß Festsetzungsverordnung 1991

Ein detaillierter Vergleich der Massen auf Basis der einzelnen gefährlichen Abfälle für die Jahre 1996 und 1992 zeigt folgendes Bild:

- Bei 126 gefährlichen Abfällen stiegen die gemeldeten Massen wesentlich an (1992: 114.000 t, 1996: 328.000 t), beispielsweise bei Altautos, aluminiumhaltigen Salzschlacken, ölverunreinigten Böden und Ofenausbrüchen aus metallurgischen Prozessen.
- Ein wesentlicher Rückgang der gemeldeten Massen ist bei 76 gefährlichen Abfällen zu verzeichnen (1992: 67.000 t, 1996: 20.000 t), z.B. bei Lack- und Farbschlämmen, Laborabfällen, chromhaltigen Galvanikschlämmen und halogenhaltigen Lösemittelgemischen.
- Das Aufkommen von 46 gefährlichen Abfällen hat sich nur wenig verändert (rd. 220.000 t).
- Für 21 gefährliche Abfälle mit einer Masse von rd. 21.000 t im Jahr 1996 lagen 1992 im Abfalldatenverbund keine Meldungen vor.

Die größten im Bezugsjahr 1996 dem Abfalldatenverbund gemeldeten Massen sind Schlakken und Aschen aus Abfallverbrennungsanlagen, Altautos, ölverunreinigte Böden, Altöle, aluminiumhaltige Salzschlacken und Ölabscheiderinhalte. Insgesamt machen 20 Abfallstoffe bereits rd. 80 % der Primärabfallmasse aus (Tabelle 2), bei 14 Abfällen liegen die Meldungen jeweils über 10.000 t/a.

Tabelle 2: Primärabfälle 1996 - Größte Massen, Einstufung gefährlicher Abfälle gemäß Festsetzungverordnung 1991

SN	Bezeichnung gemäß ÖNORM S 2100 (1990)	t	%
31308	Schlacken und Aschen aus Abfallverbrennungsanlagen	112.526	19,0
35103	Eisen- und Stahlabfälle, verunreinigt (Altautos)	50.372	8,5
31423	ölverunreinigte Böden	49.927	8,4
54102	Altöle	36.277	6,1
31211	Salzschlacken, aluminiumhaltig	22.703	3,8
54702	Ölabscheiderinhalte (Benzinabscheiderinhalte)	22.492	3,8
31205	Leichtmetallkrätzen, aluminiumhaltig	20.977	3,5
54408	Öl-Wassergemische	20.709	3,5
31311	Flugaschen und Flugstäube aus Sonderabfallverbrennungsanlagen, soferne sie andere überwachungsbedürftige Sonderabfälle enthalten	17.936	3,0
54402	Bohr- und Schleifölemulsionen und Emulsionsgemische	15.871	2,7
35322	Bleiakkumulatoren	13.629	2,3
12501	Inhalt von Fettabscheidern	11.615	2,0
31223	Stäube (Aschen) aus Schmelzprozessen, soferne sie arsen-, blei-, cadmium-, cyanid-, quecksilber-, chrom-(VI)-haltig sind	10.441	1,8
31424	sonstige verunreinigte Böden	10.417	1,8
54930	feste fett- und ölverschmutzte Betriebsmittel (Werkstätten-, Industrie- und Tankstellenabfälle)	9.923	1,7
12302	Fette (z.B. Fritieröle)	8.901	1,5
31108	Ofenausbruch aus metallurgischen Prozessen mit produktionsspezifisch schädlichen Beimengungen	8.855	1,5
31309	Flugaschen und -stäube aus Abfallverbrennungsanlagen	7.621	1,3
54504	rohölverunreinigtes Erdreich, Aushub und Abbruchmaterial	6.742	1,1
54701	Sandfanginhalte, öl- oder kaltreinigerhaltig	6.616	1,1
	Sonstige	127.868	21,6
	Gesamt (gerundet)	**592.000**	**100**

Datengrundlage: Abfalldatenverbund (Datenstand 11.8.1997)

Entwicklung der Primärabfälle in den Bundesländern 1992 - 1996

Gesamtmassen (gerundet):

1992: 398.000 t
1993: 478.000 t
1994: 498.000 t
1995: 562.000 t
1996: 592.000 t

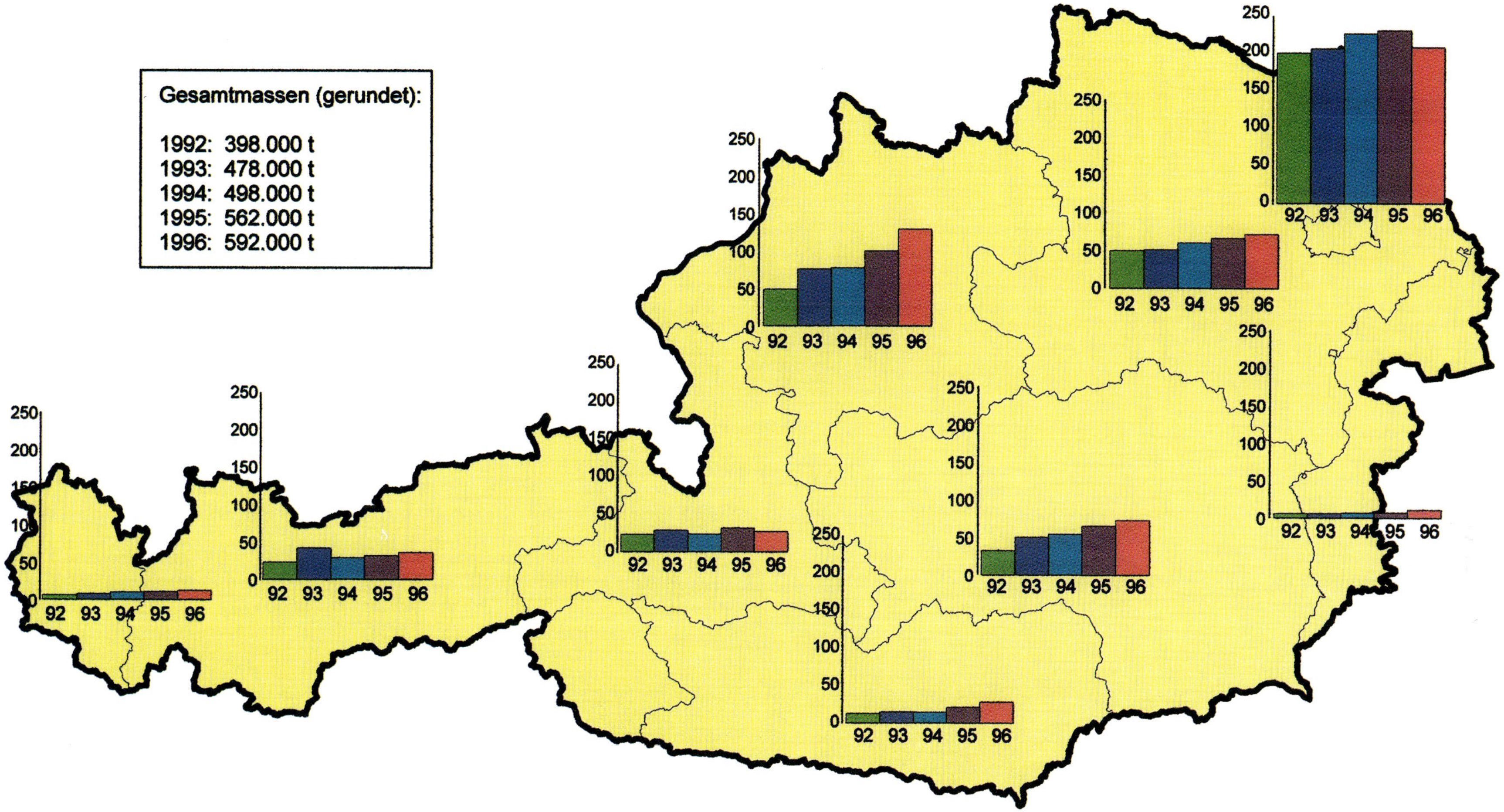

Anmerkungen:
Datengrundlage: Abfalldatenverbund (Datenstand 11.8.1997).
Einstufung gefährlicher Abfälle gemäß Festsetzungsverordnung 1991.
Die Zuordnung der Begleitscheindaten erfolgte nach dem Firmensitz.
Angaben in 1.000 t

Umweltbundesamt
Juni 1998

Die Auswertung der Begleitscheindaten nach Bundesländern weist für das Bezugsjahr 1996 Wien mit dem größten Aufkommen an gefährlichen Abfällen aus, gefolgt von Oberösterreich, Steiermark und Niederösterreich. Insgesamt beträgt das gemeldete Aufkommen gefährlicher Abfälle für diese vier Bundesländer rd. 480.000 t bzw. über 80 % der Gesamtmasse. Die Zuordnung der Begleitscheindaten erfolgte nach dem Firmensitz, der nicht unbedingt mit dem Anfallsort des gefährlichen Abfalls übereinstimmen muß.

Die Entwicklung der Anteile der einzelnen Bundesländer an den Primärabfallmassen seit 1992 sind in Tabelle 3 dargestellt.

Tabelle 3: Primärabfallaufkommen in den Bundesländern 1992 - 1996 (Angaben in t), Einstufung gefährlicher Abfälle gemäß Festsetzungsverordnung 1991

Bundesländer	1992	1993	1994	1995	1996
Burgenland	5.417	5.507	6.319	6.826	10.444
Kärnten	12.090	14.241	14.352	20.759	27.698
Niederösterreich	49.547	50.973	59.957	66.321	71.450
Oberösterreich	48.122	74.664	76.436	99.187	127.932
Salzburg	22.551	28.305	23.214	31.732	26.911
Steiermark	31.702	49.851	53.849	64.763	72.130
Tirol	23.155	41.710	29.072	31.916	36.132
Vorarlberg	5.823	7.750	9.697	10.835	12.389
Wien	199.155	204.958	224.958	229.307	207.331
Österreich (gerundet)	**398.000**	**478.000**	**498.000**	**562.000**	**592.000**

Datengrundlage: Abfalldatenverbund (Datenstand 11.8.1997), die Zuordnung der Begleitscheindaten erfolgte nach dem Firmensitz.

Neben den von Abfallerzeugern gemeldeten gefährlichen Abfällen (= Primärabfälle) werden dem Abfalldatenverbund weitere Massen mittels Begleitscheinen gemeldet. Dazu zählen vor allem **Sekundärabfälle**[5]. Weiters werden vereinzelt Schlüsselnummern registriert, die grundsätzlich als nicht gefährliche Abfälle eingestuft sind, oder aber alte Schlüsselnummern, die derzeit nicht mehr gebräuchlich sind. Eine Gesamtschau aller dem Abfalldatenverbund gemeldeten Massen ist in Tabelle 4 enthalten. Details dazu werden vom Umweltbundesamt jeweils halbjährlich aktualisiert und als Bericht „Gefährliche Abfälle in Österreich – Auswertungen aus dem Abfalldatenverbund" (UBA-BE-011) veröffentlicht und auch über die Homepage des Umweltbundesamtes im Internet der Öffentlichkeit zur Verfügung gestellt.

[5] **Sekundärabfälle** sind gefährliche Abfälle, die von Abfallbesitzern mit der Behandlernummer "3" auf dem Begleitschein weitergegeben werden. Diese gefährlichen Abfälle sind keine erstmals erzeugten Abfälle, sondern Reststoffe einer vorgeschalteten Abfallbehandlung gefährlicher Abfälle.

Tabelle 4: Auswertung aus dem Abfalldatenverbund über Primär- und Sekundärabfälle für das Bezugsjahr 1996

Kategorie	Einstufungsgrundlage	Primär-abfälle	Sekundär-abfälle
A	alle Abfälle der ÖNORM S 2101 (1983) gem. § 1 FestsetzVO 1991	252.713	50.351
B	alle in § 2 Z 1-20 und 22 FestsetzVO 1991 aufgelisteten Abfälle der ÖNORM S 2100 (1990)	176.867	2.906
C	Akkumulatoren, Batterien, Catridges gem. § 2 Z 21 FestsetzVO 1991	15.156	1.488
D	sonstige flüssige Mineralölerzeugnisse, etc. gem. § 2 Z 24 FestsetzVO 1991	583	1
E	toxische Schwermetalle enthaltende Produkte gem. § 2 Z 21 FestsetzVO 1991	96.726	6.723
F	Altautos mit gefährlichen Inhaltsstoffen (Erlaß Zl. 08 3504/32-V/4/92-HO)	50.372	1.222
	Zwischensumme	**592.417**	**62.691**
	Sonstige dem AbfDV gemeldete Massen	13.399	1
	Gesamtsumme (Angaben in Tonnen)	**605.816**	**62.692**

Datengrundlage: Abfalldatenverbund (Datenstand 11.8.1997)

4.3 Verwertungs- und Behandlungsanlagen

Zur Verwertung bzw. Behandlung von gefährlichen Abfällen standen 1996 in Österreich insgesamt rd. 160 Anlagen mit einer Gesamtkapazität von mindestens 1,1 Mio t/a zur Verfügung. Tabelle 5 zeigt zusammenfassend die vorhandenen Verwertungs- und Behandlungskapazitäten, getrennt nach Anlagentypen. Innerbetriebliche Anlagen sind dabei nicht enthalten. Detaillierte Angaben zu Anlagenstandort, Betreiber und Kapazität sind im ANHANG II dargestellt.

Tabelle 5: Verwertungs- und Behandlungsanlagen für gefährliche Abfälle in Österreich

Anlagentyp	Genehmigte Anlagen	Kapazitäten in t/a
Chemisch-physikalische Behandlungsanlagen	28	465.000
Thermische Behandlungsanlagen	9	174.000
Spezielle Verwertungs- und Behandlungsanlagen	über 100	467.000
Gesamt (gerundet)	**140**	**1,1 Mio**

Datengrundlage: UBA-Anlagendatenbank (Datenstand Mai 1998)

Chemisch - physikalische Behandlungsanlagen

1 Porr Umwelttechnik AG
2 Entsorgungsbetriebe Simmering GmbH u. Co KG
3 ÖSTAB Abfallbeseitigungs GmbH u. Co KG
4 Magistrat der Stadt Wien - MA 48
5 AVR - Abfallverwertungs- und Rohstoffgewinnungs GmbH
6 ASA Abfallservice Wr. Neustadt GmbH
7 Entsorgungsservice Krems
8 Bachleitner GmbH
9 OÖ Landes- Abfallverwertungsunternehmen GmbH
10 UWEG - Umweltschutz- und Wertstoff- Recycling GmbH
11 Kröpfel GmbH
12 Vorwagner Johann
13 SAB - Salzburger Abfallbeseitigung GmbH u. Co KG
14 Höller Entsorgung GmbH
15 DAKA KG
16 Freudenthaler u. Co GmbH Umwelttechnik KG
17 Höpperger GmbH u. Co KG
18 Böhler Abfall - Abluft - Abwasser - Umweltschutz GmbH
19 Ökotech Recycling GmbH
20 BHS Entsorgung GmbH
21 Koller - Rubak
22 Stipits Josef
23 Saubermacher Dienstleistungs AG
24 Jagerhofer - Herbst GmbH
25 Lobbe Entsorgung GmbH
26 Rumpold GmbH
27 ABRG Asamer - Becker Recycling GmbH
28 Peter Seppele GmbH

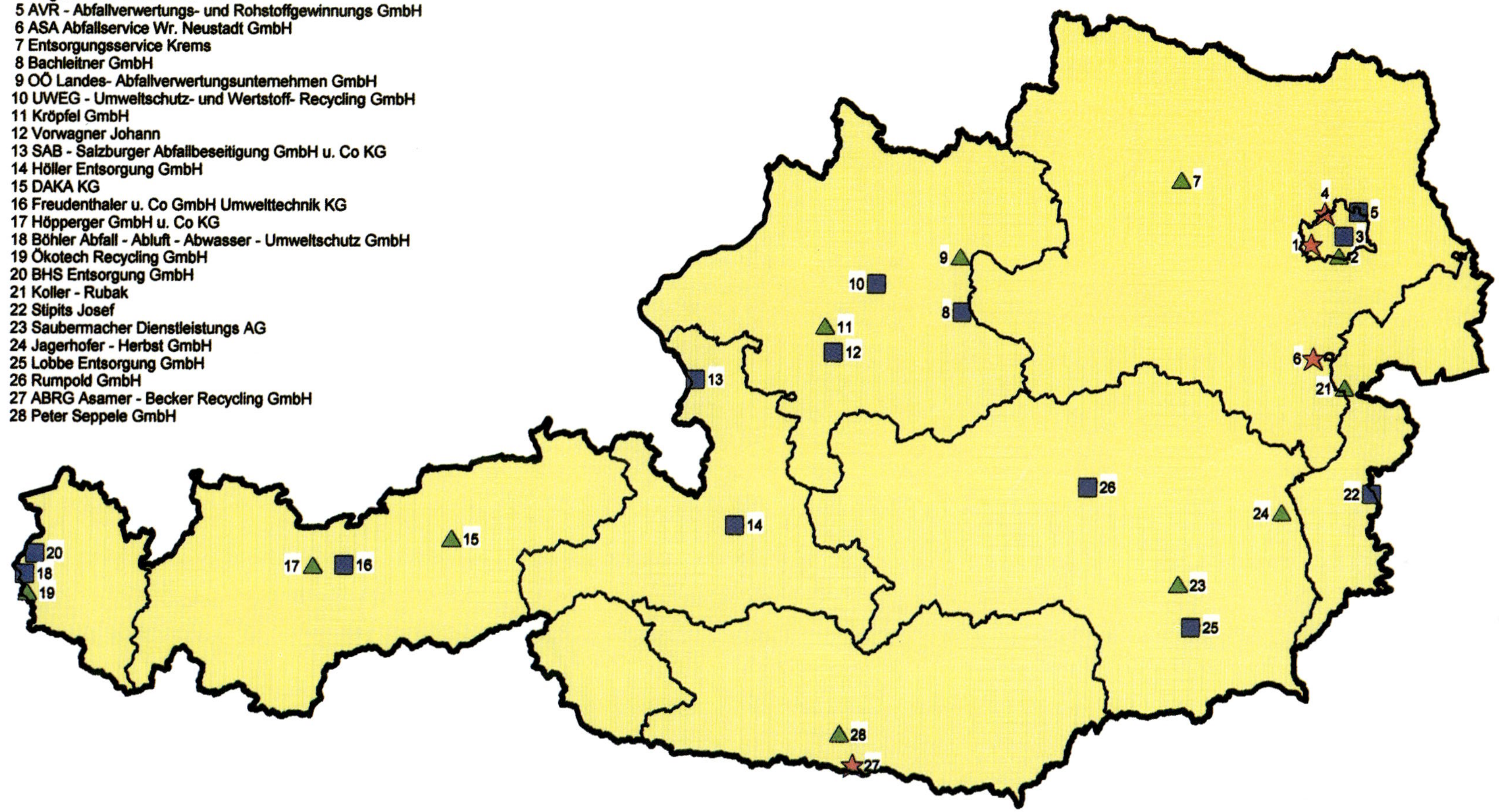

▲ Chemisch - physikalische Behandlung organischer Abfälle
★ Chemisch - physikalische Behandlung anorganischer Abfälle
■ Chemisch - physikalische Behandlung organischer und anorganischer Abfälle

Datengrundlage: UBA - Anlagendatenbank (Datenstand Mai 1998)

Umweltbundesamt
Juni 1998

4.3.1 Chemisch-physikalische Verwertungs- und Behandlungsanlagen

In Österreich sind derzeit 28 chemisch-physikalische Behandlungsanlagen für organische und anorganische Abfälle in Betrieb, zwei Anlagen davon befinden sich im Versuchsbetrieb. Insgesamt weisen diese eine maximale Behandlungskapazität von rund 465.000 t/a auf. Davon entfallen rd. 260.000 t/a auf Immobilisierungsanlagen für Schlacken und Aschen aus Abfallverbrennungsanlagen.

Die Verteilung der in Betrieb befindlichen Anlagen und Kapazitäten auf die einzelnen Bundesländer ist in Tabelle 6 zusammengefaßt.

Tabelle 6: Chemisch-physikalische Verwertungs- und Behandlungsanlagen

Bundesland	Anlagen in Betrieb	Anlagentyp	Kapazitäten in t/a (gerundet)
Burgenland	1 1	CPO CPO + CPA	3.000
Kärnten	1 1	CPO CPA	4.000
Niederösterreich	1 1	CPO CPA	5.500
Oberösterreich	2 3	CPO CPO + CPA	52.000
Salzburg	2	CPO + CPA	20.000
Steiermark	2 2	CPO CPO + CPA	23.000
Tirol	2 1	CPO CPO + CPA	19.000
Vorarlberg	1 2	CPO CPO + CPA	26.000
Wien	1 2 2	CPO CPA CPO + CPA	312.000
Österreich	**11** **4** **13**	**CPO** **CPA** **CPO + CPA**	**465.000**

Datengrundlage: UBA-Anlagendatenbank (Datenstand Mai 1998)

CPO ... Chemisch-physikalische Behandlungsanlage für organische Abfälle
CPA ... Chemisch-physikalische Behandlungsanlage für anorganische Abfälle

Von den in Betrieb befindlichen chemisch-physikalischen Behandlungsanlagen werden mehr als die Hälfte als kombinierte Anlagen betrieben, die sowohl organische als auch anorganische Abfälle übernehmen und behandeln können. Weitere elf Anlagen sind für die Übernahme und Behandlung von ausschließlich organischen Abfällen, vorwiegend Ölabscheiderinhalten, Altölen, Öl-Wassergemischen, Bohr- und Schleifölemulsionen und Emulsionsgemischen, geeignet.

Zur Behandlung ausschließlich anorganischer Abfälle stehen vier Anlagen zur Verfügung. Dabei handelt es sich um eine mobile und um eine stationäre Immobilisierungsanlage für anorganische Schlämme und feste Abfälle sowie um eine stationäre CPA-Anlage für feste und flüssige gefährliche Abfälle. Eine weitere Immobilisierungsanlage steht für die Behandlung von Schlacken und Aschen aus den beiden Wiener Hausmüllverbrennungsanlagen und der Verbrennungsanlage für gefährliche Abfälle (EbS) zur Verfügung.

Da die meisten CP-Anlagen als CPO/A-Kombinationsanlagen betrieben werden, ist eine getrennte Angabe der Behandlungskapazitäten für organische und anorganische Abfälle nur schwer möglich. Nach Angaben der Anlagenbetreiber stehen jedoch für die Behandlung anorganischer Abfälle mindestens 40.000 t/a Anlagenkapazitäten zur Verfügung. Die Behandlungskapazitäten für organische Abfälle kann mit rd. 165.000 t/a angegeben werde.

In Arnoldstein (Ktn) und Asten (OÖ) sind Genehmigungsverfahren für chemisch-physikalische Behandlungsanlagen anhängig.

4.3.2 Thermische Verwertungs- und Behandlungsanlagen

Insgesamt werden in Österreich rd. 65 thermische Verwertungs- und Behandlungsanlagen für gefährliche und nicht gefährliche Abfälle mit einer Jahreskapazität von insgesamt rd. 1,8 Mio t betrieben. Davon behandeln 31 Anlagen nur innerhalb des Betriebes anfallenden Abfall.

Für die Verbrennung gefährlicher Abfälle stehen derzeit in Österreich in neun Anlagen Behandlungskapazitäten von rund 174.000 t/a zur Verfügung, wobei der Hauptanteil den Entsorgungsbetrieben Simmering zuzuordnen ist (Tabelle 7). In fünf dieser neun Anlagen werden auch nicht gefährliche Abfälle verbrannt, zwei Anlagen befinden sich im Versuchsbetrieb.

Tabelle 7: Thermische Verwertungs- und Behandlungsanlagen für gefährliche Abfälle

Bundesland	Genehmigte Anlagen	Kapazitäten [t/a]
Burgenland	1	100
Kärnten	2	37.000
Niederösterreich	0	0
Oberösterreich	2	51.000
Salzburg	0	0
Steiermark	2	10.500
Tirol	0	0
Vorarlberg	0	0
Wien	2	75.000
Österreich (gerundet)	**9**	**174.000**

Datengrundlage: UBA-Anlagendatenbank (Datenstand Mai 1998)

In den beiden Drehrohröfen der Entsorgungsbetriebe Simmering (EbS) wurden im Jahr 1996 rd. 92.000 t gefährliche und nicht gefährliche Abfälle thermisch behandelt. Einen Überblick über die Entwicklung der letzten Jahre gibt Tabelle 8.

Thermische Verwertungs- und Behandlungsanlagen

1 Pall Ludwig GmbH
2 Steiner Bau GmbH
3 Fernwärme Eisenkappel
4 Funder Industrie GmbH
5 Treibacher Industrie AG
6 Wietersdorfer u. Peggauer Zementwerke GmbH
7 Patria Papier u. Zellstoff AG
8 Veitsch Radex AG (dzt. kein Abfalleinsatz)
9 ABRG Asamer - Becker - Recycling GmbH
10 Perlmoser Zementwerke AG
11 Zementwerk Schmied u. Co
12 W. Hamburger AG
13 Kirchdorfer Zementwerke Hofmann GmbH
14 WAV Welser Abfallverwertung GmbH
15 Gmundner Zementwerke Hans Hatschek AG
16 RVL Reststoffverwertung Lenzing GmbH (in Bau)
17 KNP - Leykam Zellstoff GmbH
18 Wietersdorfer u. Peggauer Zementwerke GmbH
19 Lobbe Entsorgung GmbH
20 Perlmoser Zementwerke AG
21 NORSKE KOG GmbH
22 Zementwerk Lechner sen. u. jun. KG
23 Zementwerk Schretter u. CIE
24 Gewerbepark Rankweil GmbH
25 ARA Region Dornbirn - Schwarzach GmbH
26 VKW AG - Holzbauwerke Kaufmann
27 Fernwärme Wien GmbH (MVA Spittelau)
28 Klärschlammverbrennung EbS
29 Entsorgungsbetriebe Simmering GmbH u. CoKG
30 ÖFWG
31 MBG Müllverwertung-Betrieb GmbH (MVA Flötzersteig)
32 EEVG Entsorgungs- u. Energieverwertungs GmbH

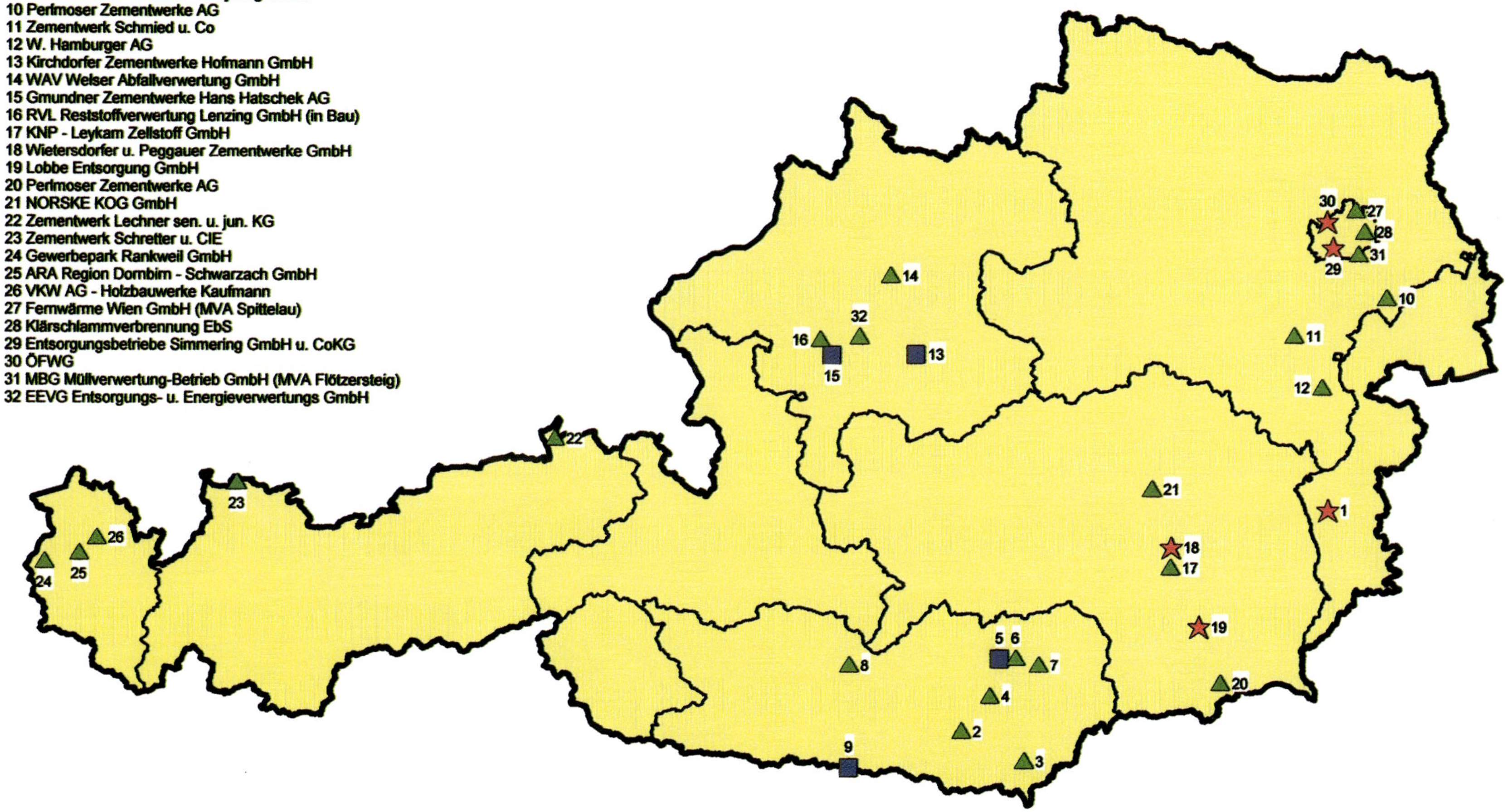

★ Verbrennung gefährlicher Abfälle und Altöle
▲ Verbrennung nicht gefährlicher Abfälle
■ Verbrennung gefährlicher und nicht gefährlicher Abfälle

Datengrundlage: UBA - Anlagendatenbank (Datenstand Mai 1998)

Umweltbundesamt
Juni 1998

Tabelle 8: Entsorgungsbetriebe Simmering – Verbrennung gefährlicher und nicht gefährlicher Abfälle 1992 - 1996 (Angaben in t)

Abfallarten	1992	1993	1994	1995	1996
Wenig verunreinigtes Altöl	15.027	14.649	12.091	10.724	10.084
Stark verunreinigtes Altöl, Emulsionen, Gemische	2.412	3.575	5.775	4.804	10.863
Abscheiderinhalte, Industrielle Abwässer	6.628	5.458	3.200	2.373	1.932
Flüssiger organischer Abfall	6.149	5.652	3.222	3.595	3.173
Fester oder pastöser organischer Abfall	11.863	11.423	8.087	8.769	6.682
Anorganischer Abfall	887	942	664	1.475	11.470
Öl- bzw. chemikalienverunreinigtes Erdreich	369	332	414	183	216
Gewerbe- und Industriemüll (z.B. Leergebinde, Ölbindematerialien)	20.305	22.123	20.599	21.815	23.325
Spitalmüll und Altmedikamente	2.607	2.641	3.493	3.568	3.651
Pharmazeutische Abfälle oder Laborabfälle	1.060	1.162	265	269	304
Pflanzenschutzmittel	35	137	59	76	117
Problemstoffe aus Haushalten	226	637	67	1.010	56
Rechengut, Sand- und Schotterfang, Kanalschutt	4.907	3.713	9.315	12.874	14.716
Sonstige Abfälle	1	3.481	4.086	4.276	5.542
Summe	**72.476**	**75.925**	**71.337**	**75.811**	**92.131**

Datengrundlage: Leistungsberichte der EbS 1992 - 1996

Auswertungen aus dem Abfalldatenverbund (Datenstand 11.8.1997) haben ergeben, daß die EbS im Jahr 1994 rd. 46.000 t, 1995 rd. 54.000 t und 1996 rd. 56.000 t gefährliche Abfälle zur Verbrennung übernommen hat. Insgesamt ergibt sich jeweils eine Differenz zwischen den Angaben im Abfalldatenverbund und den Angaben in den Leistungsberichten, die darauf beruht, daß in der Verbrennungsanlage auch nicht gefährliche Abfälle eingesetzt werden. Seit dem Tiefstand im Jahr 1994 ist in den beiden letzten Jahren wieder ein Anstieg der verbrannten gefährlichen und nicht gefährlichen Abfälle zu verzeichnen.

Neben den Entsorgungsbetrieben Simmering besitzen auch einige Industriebetriebe die Genehmigung zur thermischen Behandlung von gefährlichen und nicht gefährlichen Abfällen. Vorwiegend werden Altöle und halogenfreie Lösemittel energetisch verwertet. Auswertungen aus dem Abfalldatenverbund für das Jahr 1996 zeigen, daß insgesamt rd. 105.000 t gefährliche Abfälle thermisch behandelt wurden.

In Summe wurden in Anlagen der Zementindustrie laut Abfalldatenverbund im Jahre 1996 rd. 27.700 t Altöle sowie mineralölhaltige und lösemittelhaltige Abfälle (halogenfrei) energetisch verwertet. Die Anlieferung der Abfälle erfolgte nicht direkt vom Erzeuger, sondern über ausgewählte befugte Sammler.

In Industriebetrieben wurden 1996 rd. 8.000 t Altöle, Werkstättenabfälle, Lack- und Farbschlämme sowie nicht halogenierte Lösemittel zur Energiegewinnung und rd. 11.000 t weitere gefährliche Abfälle, vorwiegend ölverunreinigte Böden und Ölabscheiderinhalte, eingesetzt.

Abbildung 8 gibt einen Überblick über die thermische Behandlung gefährlicher Abfälle in den Jahren 1992 bis 1996 in österreichischen Industriebetrieben und in den Entsorgungsbetrieben Simmering.

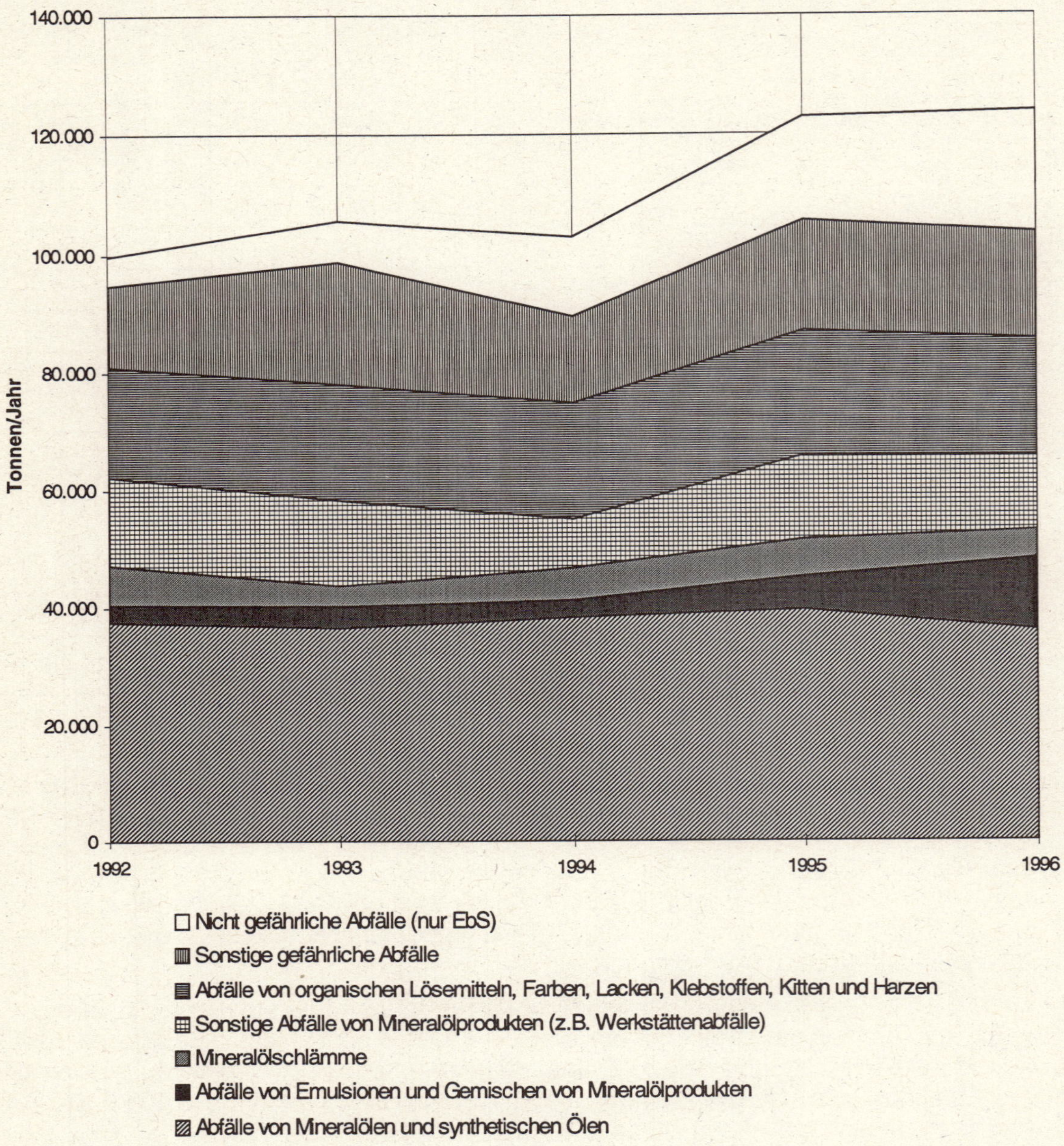

Datengrundlagen: Abfalldatenverbund (Datenstand 11.8.1997)
Leistungsberichte der EbS 1992 - 1996
UBA - Anlagendatenbank (Datenstand 11/97)

Abbildung 8: Thermische Behandlung gefährlicher Abfälle 1992 - 1996 in Industriebetrieben sowie in den Entsorgungsbetrieben Simmering

In einer Anlage zur Fernwärmeerzeugung in Wien sowie je einer Verbrennungsanlage in der Steiermark und im Burgenland wurden von Dritten übernommene Altöle zur Energiegewinnung eingesetzt.

Über innerbetriebliche Verbrennungsanlagen für gefährliche und nicht gefährliche Abfälle sind nach wie vor keine umfassenden Daten verfügbar. Insbesondere ist derzeit kein österreichweiter Überblick vorhanden, da nur von einigen Ämtern der Landesregierungen Informationen über Standorte vorliegen. Auf Grundlage von Angaben einiger Hersteller von Ölfeuerungsanlagen läßt sich die Anzahl der innerbetrieblichen Kleinanlagen zur Altölverfeuerung mit rd. 80 beziffern, die eine Kapazität von rd. 1.100 t/a aufweisen.

Zur Verbesserung der Datengrundlage im Bereich der innerbetrieblichen thermischen Verwertung bzw. Behandlung von nicht gefährlichen Abfällen wurde vom Bundesministerium für Umwelt, Jugend und Familie eine Erhebung beauftragt. Erste Ergebnisse daraus zeigen, daß im Jahr 1996 Produktionsrückstände im Ausmaß von rd. 1,25 Mio t in zumindest 120 innerbetrieblichen gewerblichen und industriellen Anlagen energetisch verwertet wurden.

An folgenden Standorten sind für thermische Behandlungsanlagen Genehmigungsverfahren anhängig:

- für gefährliche Abfälle in Ranshofen (OÖ)
- für gefährliche und nicht gefährliche Abfälle in Arnoldstein (Ktn)
- für Krankenhausabfälle in Wr. Neustadt (NÖ)

4.3.3 Spezielle Verwertungs- und Behandlungsanlagen

Derzeit stehen über 100 Anlagen für die Verwertung bzw. Behandlung von speziellen gefährlichen Abfällen zur Verfügung. Die dabei gewonnenen Stoffe werden zum überwiegenden Teil der Verwertung zugeführt. In diesen Anlagen können folgende Abfälle eingesetzt werden:

- Altautos
- verunreinigte Böden
- Elektronikaltgeräte
- Werkstättenabfälle
- Fette und Fritieröle (seit 1.3.1998 nicht gefährliche Abfälle)
- Asbestabfälle
- Kühlgeräte
- Leuchtstoffröhren
- Lackschlämme und Lösemittel
- Bleiakkumulatoren
- Akkusäuren
- metallsalzhaltige Konzentrate
- Konsumbatterien
- Fotochemikalien
- zinkhaltige Stäube, Aschen und Schlämme
- nickelhaltige Katalysatoren
- Edelmetallabfälle
- Amalgamschlamm
- Altfilme (nicht gefährliche Abfälle)

Tabelle 9 zeigt einen Überblick über die speziellen Verwertungs- und Behandlungsanlagen für gefährliche Abfälle in Österreich. Dabei sind jene chemisch-physikalischen Anlagen nicht enthalten, die im Rahmen ihres Genehmigungsumfanges beispielsweise auch Lackschlämme, Lösemittel, Akkusäuren, metallsalzhaltige Konzentrate, verunreinigte Böden und andere gefährliche Abfälle übernehmen und behandeln können.

Tabelle 9: Spezielle Verwertungs- und Behandlungsanlagen für gefährliche Abfälle

Bundesland	Anlagen in Betrieb	Kapazitäten in t/a *
Burgenland	3	k.A.
Kärnten	12	97.000
Niederösterreich	11	193.600
Oberösterreich	9	67.800
Salzburg	5	26.900
Steiermark	9	2.500
Tirol	12	23.000
Vorarlberg	6	1.500
Wien	34	66.300
Österreich (gerundet)	**über 100**	**467.000**

Datengrundlage: UBA-Anlagendatenbank (Datenstand Dezember 1997)

* .... Die Kapazitätsangaben sind als Mindestangaben zu betrachten, da in vielen Fällen zu einzelnen Anlagen keine Daten zur Verfügung stehen.

k.A. ... derzeit keine Angaben möglich

Verunreinigte Böden werden in Abhängigkeit vom Verunreinigungsgrad in stationären oder mobilen Anlagen biotechnisch, chemisch-physikalisch oder thermisch behandelt, oder bei sehr geringem Verunreinigungsgrad direkt deponiert. Auswertungen aus dem Abfalldatenverbund zeigen, daß im Jahre 1996 rd. 67.000 t verunreinigte Böden behandelt worden sind.

Für die Behandlung von verunreinigten Böden stehen österreichweit derzeit 18 Anlagen mit einer Gesamtkapazität von mindestens 147.000 t/a zu Verfügung. Dabei handelt es sich vorwiegend um stationäre biotechnische Behandlungsanlagen sowie um Bodenwaschanlagen sowie um mobile Boden-Luft-Absaugungsanlagen. Fünf Anlagen sind für den mobilen Betrieb genehmigt. Daneben können öl- und chemikalienverunreinigte Böden in den Drehrohröfen der Entsorgungsbetriebe Simmering thermisch behandelt werden. Auswertungen aus dem Abfalldatenverbund zeigen jedoch, daß dieser Entsorgungsweg von sehr geringer Bedeutung ist.

In Österreich befinden sich zwei Konditionierungsanlagen für verunreinigte Böden in Bau. Dadurch werden weitere Behandlungskapazitäten von rd. 120.000 t/a geschaffen.

Fette und Fritieröle werden in Österreich in 19 Behandlungsanlagen aufgearbeitet. Dabei handelt es sich um sechs Verseifungsanlagen, zwei Anlagen zur Herstellung von Biodiesel sowie um mehrere Fettschmelz- und Fettaufbereitungsanlagen. Die Behandlungskapazität ist mit rd. 46.500 t/a zu beziffern. Fette und Fritieröle werden auch in einigen Biogasanlagen und Faultürmen von kommunalen Kläranlagen eingesetzt.

Spezielle Verwertungs- und Behandlungsanlagen

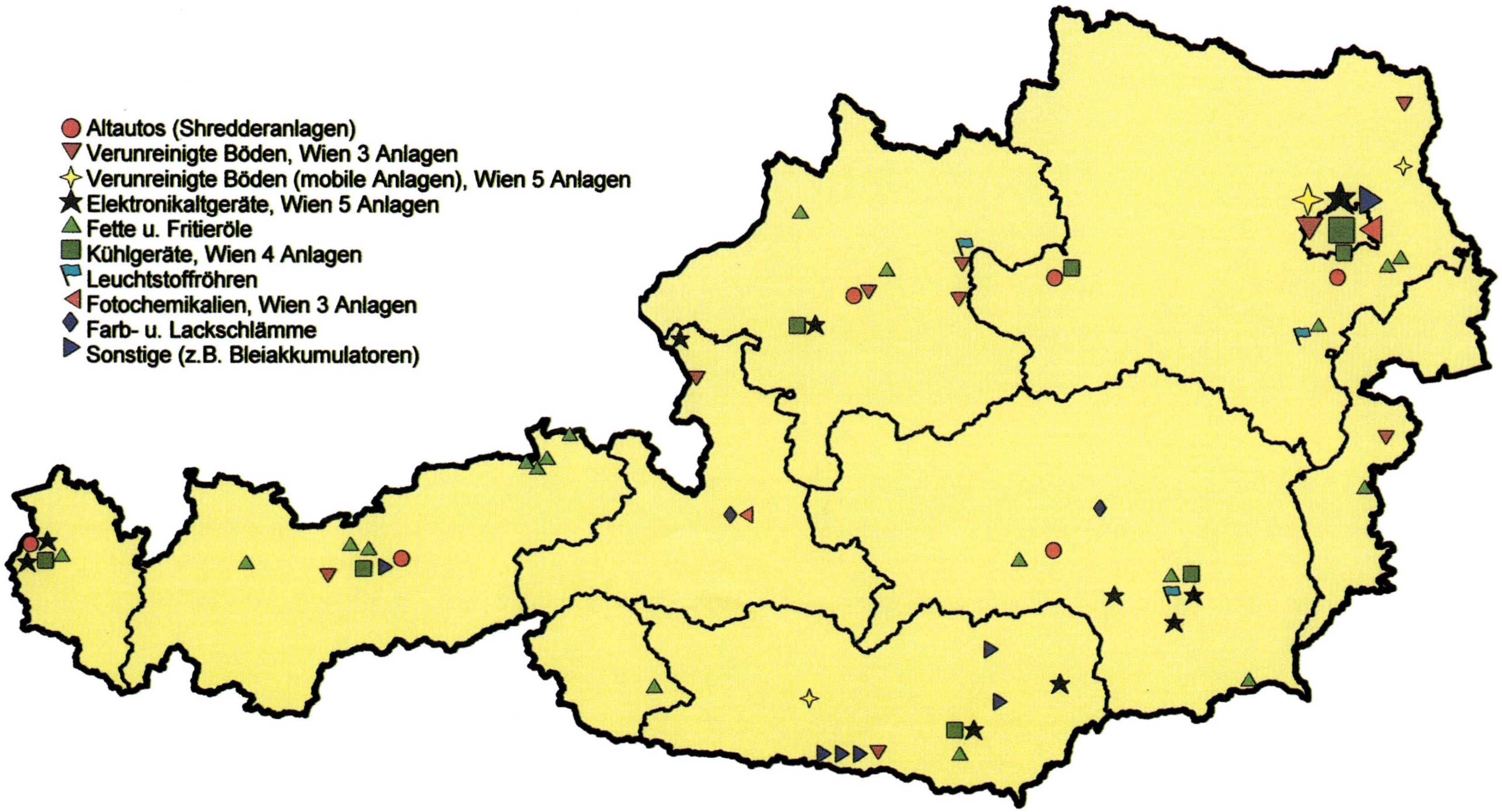

Datengrundlage: UBA - Anlagendatenbank (Datenstand Mai 1998)

Umweltbundesamt
Juni 1998

Kühlschränke und Kühlaggregate können in zehn Aufarbeitungsanlagen behandelt werden, wovon eine als mobile Anlage betrieben wird. Die Kapazität dieser Anlagen beläuft sich auf rd. 7.100 t/a.

Stabförmige Leuchtstoffröhren können in drei Behandlungsanlagen aufgearbeitet werden, wobei in einer Anlage auch andere Bauformen behandelt werden. Bei diesen Anlagen handelt es sich um zwei stationäre und eine mobile Behandlungsanlage. Die Kapazität dieser Anlagen kann mit rd. 860 t/a angegeben werden.

Asbestabfälle und -stäube werden gemäß einer Auswertung aus der UBA-Anlagendatenbank von 16 Asbestsanierungsunternehmen entsorgt. Die Behandlung der Asbestabfälle erfolgt vorwiegend vor Ort mit mobilen Behandlungsanlagen.

Konsumbatterien wurden bisher exportiert und werden zur Zeit größtenteils zwischengelagert. Zukünftig sollen sie in einer Anlage in Wien thermisch behandelt werden, die derzeit in Bau ist. Ein weiteres Projekt zur Aufarbeitung von Konsumbatterien und quecksilberhaltigen Abfällen soll in Arnoldstein (Ktn) realisiert werden; ein Genehmigungsverfahren dazu ist bereits im Gange. Die Behandlungskapazität dieser beiden Anlagen kann mit rd. 8.000 t/a angegeben werden.

Fotochemikalien, z.B. Bleich-, Entwickler- und Fixierbäder können in drei Anlagen behandelt werden, die eine Gesamtkapazität von 2.500 t/a aufweisen.

Farb- und Lackschlämme können in drei Anlagen behandelt werden, wobei sich eine Anlage mit einer Kapazität von rd. 170 t/a im Versuchsbetrieb befindet. Insgesamt beträgt die Behandlungskapazität mindestens 10.000 t/a.

Altkraftfahrzeuge werden überwiegend von KFZ-Reparturwerkstätten, KFZ-Händlern sowie Altauto- und Altmetallverwertern übernommen. Für die Entfrachtung und Demontage stehen somit insgesamt mehrere Hundert Betriebe zur Verfügung.

Weiters stehen entsprechende Einrichtungen bei den sechs Shredderbetrieben zur Verfügung. Die Aufarbeitung der Altautos bei den sechs in Betrieb befindlichen Shredderanlagen erfolgt zum überwiegenden Anteil gemeinsam mit Sammelschrott. Die Aufarbeitungskapazität der Shredderanlagen kann für Altautos mit rd. 180.000 t/a angegeben werden, wobei zu berücksichtigen ist, daß nur von drei Anlagen Kapazitätsangaben vorliegen.

Daneben werden mehr oder weniger entfrachtete bzw. teildemontierte Altkraftfahrzeuge noch immer mit Hilfe von Schrottscheren und -pressen zu Paketen verarbeitet und in in- und ausländischen Stahlwerken eingeschmolzen.

Elektrische und elektronische Altgeräte, z.B. ausgediente Bildschirme, Computer, Fernsehgeräte, Radiogeräte, Leiterplatten, können in 13 Demontageanlagen aufgearbeitet werden. Dabei handelt es sich vorwiegend um Anlagen, in denen die Altgeräte manuell mit Hilfe von Kleinwerkzeugen sowie Trennanlagen in einzelne verwertbare Fraktionen zerlegt werden. Zwei Anlagen befinden sich im Versuchsbetrieb. Insgesamt kann die Behandlungskapazität derzeit mit rd. 18.200 t/a angegeben werden.

In Timelkam (OÖ) befindet sich eine Anlage zur Demontage von Elektronikaltgeräten mit einer Kapazität von 250 t/a im Genehmigungsverfahren.

Für die Aufarbeitung von Bleiakkumulatoren (Arnoldstein, Ktn), Akkusäuren (Arnoldstein, Ktn), zink- und bleihaltigen Stäuben, Aschen und Schlämmen (Arnoldstein, Ktn), metallsalzhaltigen Konzentraten und Lösemitteln (Brückl, Ktn), nickelhaltigen Katalysatoren (Treibach, Ktn), Filmen (Hof bei Salzburg, Sbg), Werkstättenabfällen (Kilb, NÖ), Amalgamschlamm (Rum, Tirol sowie Wien) und Edelmetallabfällen (Wien) stehen jeweils weitere Behandlungsanlagen zur Verfügung.

Eine Anlage zur destillativen Aufbereitung von Kühlmitteln in Mitterndorf (Stmk) befindet sich derzeit im Genehmigungsverfahren.

Zusammenfassend sind die Verteilung der ausgewählten Verwertungs- und Behandlungsanlagen für spezielle gefährliche Abfälle auf die einzelnen Bundesländer sowie die ermittelten Gesamtkapazitäten in Tabelle 10 dargestellt.

Tabelle 10: Spezielle Verwertungs- und Behandlungsanlagen für ausgewählte gefährliche Abfälle

Verwertung/Behandlung von	Genehmigte Anlagen										Gesamtkapazität ** t/a
	Bgl	Ktn	NÖ	OÖ	Sbg	Stmk	Tirol	Vbg	Wien	Σ	
Altkraftfahrzeugen (Shredderanlagen)			2	1		1	1	1		**6**	180.000
verunreinigten Böden	1	2	2	3	1		1		8	**18**	147.000
Elektronikaltgeräten		2		1	1	2		2	5	**13**	18.200
Fetten und Fritierölen *	1	1	3	2		3	8	1		**19**	46.500
Kühlgeräten		1	1	1		1	1	1	4	**10**	7.100
Leuchtstoffröhren			1	1		1				**3**	860
Asbestabfällen	1	1	1					1	12	**16**	k.A.
Fotochemikalien					1				2	**3**	2.500
Farb- und Lackschlämmen					1	1			1	**3**	170
Werkstättenabfällen			1							**1**	10.000
zinkhaltigen Stäuben, Aschen und Schlämmen		1								**1**	45.000
nickelhaltigen Katalysatoren		1								**1**	12.000
Edelmetallabfällen									1	**1**	k.A.
Bleiakkumulatoren		1								**1**	k.A.
Akkusäuren		1								**1**	k.A.
metallsalzhaltigen Konzentraten		1								**1**	k.A.
Filmen *					1					**1**	700
Amalgamschlamm							1		1	**2**	100

Datengrundlage: UBA-Anlagendatenbank (Datenstand Mai 1998)

* .... nicht gefährlicher Abfall
** .... Die Kapazitätsangaben sind als Mindestgrößen zu betrachten, da in vielen Fällen zu einzelnen Anlagen keine Daten zur Verfügung stehen.
k.A. .... keine Angaben

4.4 Exporte und Importe

Die Daten der folgenden Auswertungen über Exporte und Importe der Bezugsjahre 1994 bis 1996 basieren noch auf jenen abfallrechtlichen Bestimmungen, die vor dem Inkrafttreten der EG-Verbringungsverordnung relevant waren.

Auch vor dem 1.1.1997 bedurften Exporte und Importe von Abfällen einer **Bewilligung** durch den Bundesminister für Umwelt, Jugend und Familie. Es wurden auch Bewilligungen für mehrmalige Ex- und Importe von Abfällen erteilt ("Rahmenbewilligungen"), wenn die Abfälle die gleichen physikalischen und chemischen Eigenschaften aufwiesen. In diesem Fall war der Exporteur bzw. Importeur verpflichtet, dem Bundesminister für Umwelt, Jugend und Familie ein Monat nach Ende der Gültigkeit der Bewilligung eine Bestandsaufnahme der aus- bzw. eingeführten Abfälle ("Mengenmeldung") bekanntzugeben. Ausgenommen von

Export gefährlicher Abfälle 1996

Exportierte Masse rd. 40.000 t

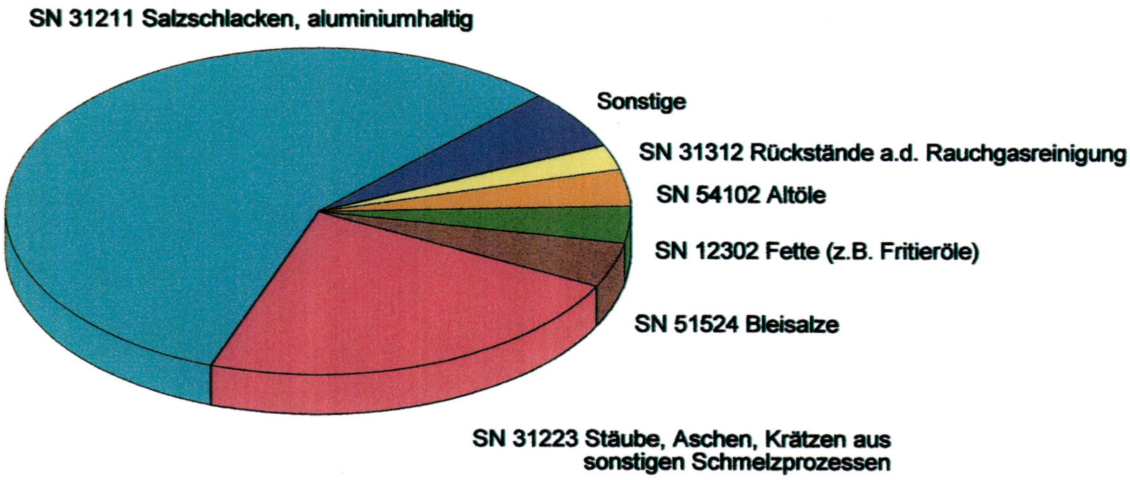

Exportländer

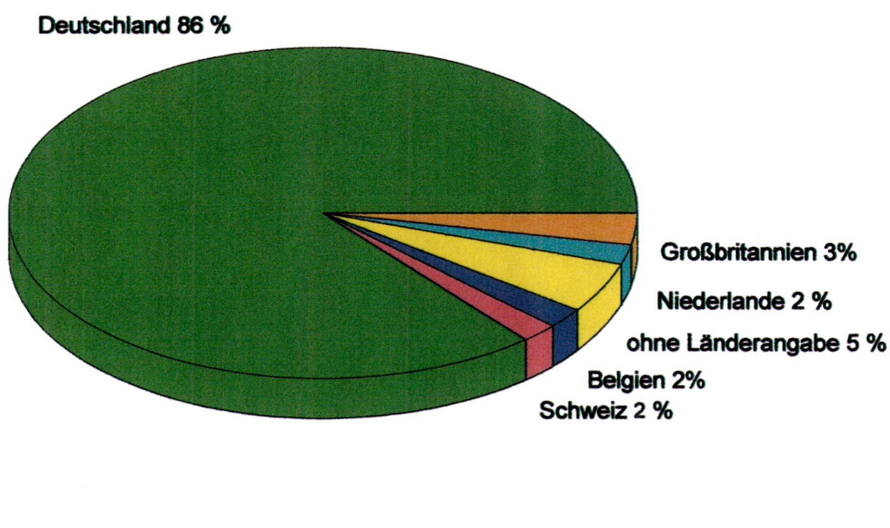

Datengrundlage: Abfalldatenverbund (Begleitscheinauswertung vom 11.8.1997)

Umweltbundesamt

Juni 1998

der Bewilligungspflicht waren jene Abfallarten, die in den Anlagen 1 und 2 der Ausnahmeverordnung (BGBl 1993/232)[6] aufgelistet waren sowie jene Abfälle, die innerhalb der OECD-Mitgliedstaaten wiederverwendet oder in nach nationalen Gesetzen genehmigten Anlagen verwertet wurden.

Die Daten aus den Export- bzw. Importbewilligungen sowie die Daten der Mengenmeldungen werden im Auftrag des Bundesministeriums für Umwelt, Jugend und Familie durch das Umweltbundesamt erfaßt.

Ein- bzw. Ausfuhren von gefährlichen Abfällen unterlagen bis 31.12.1997 der **Begleitscheinpflicht**. Auf den Begleitscheinen muß neben Art, Menge, Herkunft und Verbleib auch die Geschäftszahl der Export- bzw. Importbewilligung angegeben werden. Die Begleitscheindaten werden von den jeweils zuständigen Ämtern der Landesregierungen im Abfalldatenverbund erfaßt.

Auf Grundlage der Daten aus Export- bzw. Importbewilligungen, Mengenmeldungen und Begleitscheinen wurde eine Bestandsaufnahme über die Abfallexporte bzw. -importe der Jahre 1994, 1995 und 1996 durchgeführt. Diese Bestandsaufnahme beinhaltet eine Aufstellung der aus- bzw. eingeführten Abfallarten und -massen, getrennt nach gefährlichen und nicht gefährlichen Abfällen, unter Angabe der jeweiligen Export- bzw. Importländer.

4.4.1 Exporte gefährlicher Abfälle

Gemäß Begleitscheindaten (Datenstand 11. August 1997) wurden im Jahr 1994 rd. 32.000 t und in den Jahren 1995 und 1996 jeweils rd. 40.000 t gefährliche Abfälle exportiert (Tabelle 11).

Tabelle 11: Exporte gefährlicher Abfälle 1994 bis 1996 (Angaben in t)

SN	Bezeichnung gemäß ÖNORM S 2100 (1990)	1994	1995	1996
12302	Fette (z.B. Fritieröle)	3.341	1.562	1.438
31211	Salzschlacken, aluminiumhaltig	15.609	26.000	22.697
31223	Stäube, Aschen, Krätzen aus sonstigen Schmelzprozessen	6.159	6.561	9.108
31312	feste salzhaltige Rückstände aus der Raugasreinigung von Abfallverbrennungsanlagen und Abfallpyrolyseanlagen	810	1.149	1.074
35335	Zink-Kohle-Batterien, gesammelt	1.004	279	-
51112	sonstige Galvanikschlämme	783	553	-
51524	Bleisalze	-	47	1.770
54102	Altöle	781	1.395	1.401
55370	Lösemittelgemische ohne halogenierte organische Bestandteile, auch Frostschutzmittel	1.141	97	65
	weitere 25 Abfallarten	2.444	1.918	2.212
	Summe (auf t gerundet)	**32.073**	**39.562**	**39.764**

Datengrundlage: Abfalldatenverbund, Begleitscheinauswertung vom 11.8.1997

6 Die Ausnahmeverordnung (BGBl 1993/232) ist mit 31. Dezember 1996 außer Kraft getreten.

Bezogen auf ein Gesamtmassenpotential von rd. 760.000 t/a hat der Export mit 5 % der Gesamtmasse nur einen sehr geringen Anteil. Für einzelne Abfallarten ist der Export jedoch ein bedeutender Entsorgungspfad:

- Die gesamte in Österreich erzeugte Abfallmasse an aluminiumhaltigen Salzschlacken wurde 1994 in die USA und 1995 bzw. 1996 nach Deutschland exportiert.
- Mehr als 90 % der Stäube, Aschen und Krätzen aus Schmelzprozessen und der salzhaltigen Rückstände aus der Rauchgasreinigung von Abfallverbrennungsanlagen wurden nach Deutschland exportiert.
- Fette und Fritieröle (seit 1.3.1998 nicht gefährliche Abfälle) wurden großteils in die Niederlande verbracht.

In Summe betrachtet ist Deutschland, wohin 1994 rd. 36 %, 1995 rd. 92 %, 1996 rd. 86 % der Gesamtexporte gingen, das wichtigste Bestimmungsland für Exporte gefährlicher Abfälle. Weitere Destinationen für Abfallausfuhren waren die USA, Schweiz und die Niederlande.

4.4.2 Importe gefährlicher Abfälle

Die mit Begleitscheinen nachgewiesenen Importe gefährlicher Abfälle (Datenstand 11. August 1997) betrugen im Jahr 1994 rd. 16.000 t, im Jahr 1995 rd. 18.000 t und im Jahr 1996 rd. 20.000 t (Tabelle 12).

Tabelle 12: Importe gefährlicher Abfälle 1994 bis 1996 (Angaben in t)

SN	Bezeichnung gemäß ÖNORM S 2100 (1990)	1994	1995	1996
59507	Katalysatoren und Kontaktmassen	10.264	7.954	8.999
35322	Bleiakkumulatoren	551	6.857	9.203
55370	Lösemittelgemische ohne halogenierte organische Bestandteile, auch Frostschutzmittel	4.133	1.661	197
54710	Schleifschlamm, ölhaltig	-	695	1.623
52723	Entwicklerbäder	974	693	-
55502	Altlacke, Altfarben, sofern lösemittel- und/oder schwermetallhaltig, sowie nicht voll ausgehärtete Reste in Gebinden	0	225	-
35326	Quecksilber, quecksilberhaltige Rückstände, Quecksilberdampflampen, Leuchtstoffröhren	41	23	22
31211	Salzschlacken, aluminiumhaltig	79	-	-
	weitere 9 Abfallarten	124	13	53
	Summe (auf t gerundet)	**16.166**	**18.122**	**20.097**

Datengrundlage: Abfalldatenverbund, Begleitscheinauswertung vom 11.8.1997

Für Importe gefährlicher Abfälle konnten wegen fehlender Angaben auf den Begleitscheinen die Herkunftsländer nur zum Teil ausgewertet werden. Eingeführt wurden vor allem Katalysatoren aus Deutschland, Ungarn und Slowakei sowie Bleiakkumulatoren aus Deutschland, Schweden und den Niederlanden. Deutschland, Ungarn und die Slowakei sind die wichtigsten Herkunftsländer von nach Österreich eingeführten gefährlichen Abfällen.

Import gefährlicher Abfälle 1996

Importierte Masse rd. 20.000 t

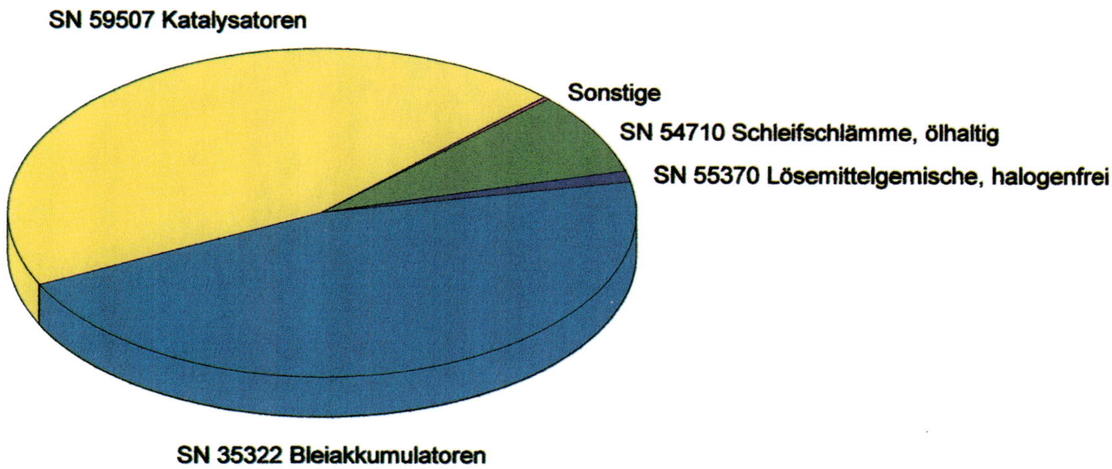

Importländer

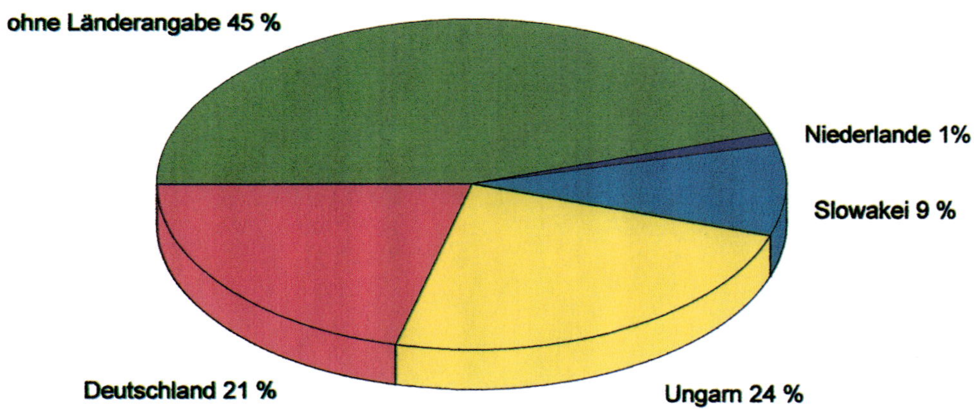

Datengrundlage: Abfalldatenverbund (Begleitscheinauswertung vom 11.8.1997)

Umweltbundesamt
Juni 1998

5 ERMITTLUNG DES ENTSORGUNGSBEDARFES

5.1 Ermittlung der Massenpotentiale

5.1.1 Datengrundlagen

Daß insbesondere bei gefährlichen Abfällen trotz bestehender Nachweis- und Begleitscheinpflicht nach wie vor von Massenpotentialen gesprochen werden muß, ist auf mehrere Ursachen zurückzuführen. Einer der Hauptgründe dürfte in der bis 28. Februar 1998 gültigen Regelung für die Definition von gefährlichem Abfall liegen (vgl. auch Kapitel 2.1): Da die Festsetzungsverordnung 1991 kein abgeschlossenes Verzeichnis gefährlicher Abfälle enthalten hat, konnte bei vielen Abfallarten die Entscheidung, ob ein bestimmter Abfall als gefährlich einzustufen war oder nicht, häufig nur am Anfallort mit Kenntnis des den Abfall erzeugenden Produktions- oder Manipulationsprozesses oder auf Grundlage einer Abfallanalyse durch den Abfallerzeuger oder den Abfallsammler getroffen werden. Diese Abfallmengen sind zwar im Massenpotential berücksichtigt. Begleitscheine liegen aber nur über die konkret als gefährlich eingestuften Abfälle vor.

Die Festsetzungsverordnung 1991 ermöglichte im Einzelfall den Nachweis der Ungefährlichkeit nach Konditionierung oder spzieller Behandlung gefährlicher Abfälle, wobei dafür die spezielle Beschaffenheit, z.B. die Konzentration der toxischen oder wassergefährdenden Bestandteile und deren Elutionsverhalten als maßgeblich angesehen wurde. Solche „Ausstufungen" haben bisher ebenfalls zur Massendifferenz zwischen den Begleitscheindaten und dem ermittelten Massenpotential für gefährliche Abfälle beigetragen, da mit heutigem Wissensstand nicht abgeschätzt werden kann, in welchem Ausmaß derartige Nachweise erfolgt sind.

Aufbauend auf den für den Bundes-Abfallwirtschaftsplan 1995 erarbeiteten Einstufungsgrundlagen wurde das Massenpotential für gefährliche Abfälle neu ermittelt. Dazu wurden folgende **Informationen** verwendet:

- Auswertungen aus dem Abfalldatenverbund für die Jahre 1992 bis 1996 (Datenstand 11.8.1997)
- Zwischenzeitlich vorliegende Ergebnisse aus Studien und Branchenkonzepten
- Angaben von Abfallerzeugern
- Expertenangaben

Darüber hinaus wurde vom Umweltbundesamt eine **Analyse** der Massenpotentiale jener gefährlichen Abfälle durchgeführt, die im Vergleich zu den im Abfalldatenverbund als erzeugt gemeldeten Abfällen eine große Massendifferenz (größer als 5.000 t) aufwiesen (UBA-BE-088). Es handelt sich dabei um 16 Abfallstoffe, die bereits einen Anteil von über 70 % am gesamten Massenpotential ausmachen.

Weiters wurde abgeschätzt, wie groß der meldepflichtig zu entsorgende Anteil dieser ausgewählten Abfälle ist. Bei der Angabe des meldepflichtigen Aufkommens wurde je nach Abfallart

- ein möglicher nicht gefährlicher Anteil,
- die innerbetriebliche Verwertung sowie
- bei Fetten und Fritierölen ein möglicher Erfassungsgrad

berücksichtigt. Das Ergebnis ist in Tabelle 13 zusammenfassend dargestellt.

Tabelle 13: Zusammenfassendes Ergebnis der Analyse von Massenangaben für ausgewählte, gefährliche Abfälle

SN	Abfallbezeichnung gemäß ÖNORM S 2100 (1990)	Meldepflichtiges Aufkommen gefährlicher Abfälle (t/a)	Erläuterungen
35103	Sonstige Eisen- und Stahlabfälle (Altautos)	55.000	Nach Entfernung der gefährlichen Inhaltsstoffe kann die verbleibende Restkarosserie als nicht gefährlicher Abfall verwertet werden. Zum Nachweis des Verbleibes der nicht gefährlichen Abfälle ist die Einführung eines Datenerfassungssystems erforderlich.
31314	Feste salzhaltige Rückstände aus der Rauchgasreinigung von Feuerungsanlagen für konventionelle Brennstoffe (ohne Rea-Gipse)	7 - 35.000	Diese Abfälle werden innerbetrieblich verwertet bzw. deponiert.
12302	Fette (Fritieröle)	22.000	Unter Annahme eines 60%igen Erfassungsgrades müßten rd. 22.000 t gemeldet werden. Altspeisefette gelten seit 1.3.1998 nicht mehr als gefährliche Abfälle.
511	Galvanikschlämme (inkl. SN 51101-51108, 51110, 51112)	4.000 - 15.000	Die Massenangabe wird derzeit im Rahmen der Arbeiten zum Branchenkonzept Galvanik überprüft.
31308	Schlacken und Aschen aus Abfallverbrennungsanlagen (inkl. SN 31310)	125.000	Sobald die Welser Abfallverbrennungsanlage in Vollbetrieb arbeitet, ist mit einem Anstieg der Massen zu rechnen.
31211	Salzschlacke, aluminiumhaltig	25.000	Unter Berücksichtigung der Entwicklung im Abfalldatenverbund ist davon auszugehen, daß diese Abfälle in der angegebenen Größenordnung anfallen.
31316	Schlacken und Aschen aus Abfallpyrolyseanlagen	70 - 15.000	Die derzeitige Datenlage läßt keine Aussage zu, in welchem Ausmaß diese Abfälle anfallen.
17208	Holz (z.B. Pfähle und Masten), salzimprägniert	0 - 15	Diese Abfälle werden nach Angaben der Post bzw. E-Wirtschaft zur Gänze weiterverwendet. Zukünftig sollen nur mehr kyanisierte Hölzer als gefährlich eingestuft werden.
54702	Ölabscheiderinhalte (Benzinabscheiderinhalte)	30.000	Es ist davon auszugehen, daß diese Abfälle in der angegebenen Größenordnung anfallen.
54102	Altöle (inkl. SN 54101, 54103, 54109, 54116, 54117, 54118, 54119, 54401)	45.000	Es ist davon auszugehen, daß diese Abfälle in der angegebenen Größenordnung anfallen.
35322	Bleiakkumulatoren	15.000	Unter Berücksichtigung der Entwicklung im Abfalldatenverbund ist davon auszugehen, daß diese Abfälle in der angegebenen Größenordnung anfallen.
31445	Gipsabfälle mit schädlichen Beimengungen	0 - 10	Der überwiegende Anteil dieser Abfälle wird verwertet.
54408	Sonstige Öl-Wassergemische	25.000	Unter Berücksichtigung der Entwicklung im Abfalldatenverbund ist davon auszugehen, daß diese Abfälle in der angegebenen Größenordnung anfallen.
31205	Leichtmetallkrätze, aluminiumhaltig	6.000	Derzeit laufende Erhebungen werden eine verbesserte Datenlage über das Aufkommen dieser Abfälle bringen.
54502	Bohrspülung und Bohrklein, rohölkontaminiert	1	Diese Abfälle fallen in Österreich nur mehr in sehr geringem Ausmaß an.
31312	Feste salzhaltige Rückstände aus der Rauchgasreinigung von Abfallverbrennungsanlagen und Abfallpyrolyseanlagen	2.500	Es ist davon auszugehen, daß diese Abfälle in der angegebenen Größenordnung anfallen.
Zwischensumme über 16 Abfälle		354.500 - 415.500	
Restliche 281 gefährliche Abfälle		306.500	Massenpotential BAWP 1998
Alle gefährlichen Abfälle (gerundet)		**661.000 - 722.000**	

Datengrundlage: UBA-BE-088 „Analyse von Massenangaben für ausgewählte gefährliche Abfälle", Klagenfurt, Juni 1997 – aktualisiert für den BAWP 1998

Den größten Massenanteil machen **Schlacken und Aschen aus Abfallverbrennungsanlagen** mit rd. 145.000 t/a aus. Dabei ist zu berücksichtigen, daß die Welser Abfallverbrennungsanlage (WAV) erst in der zweiten Jahreshälfte 1995 den Probebetrieb aufgenommen hat. Die aus dieser Anlage stammenden Schlacken und Aschen wurden jedoch mit einer Masse von rd. 25.000 Tonnen in das Massenpotential für den Bundes-Abfallwirtschaftsplan bereits eingerechnet. Nach Abzug des Anteils der WAV am theoretischen Aufkommen stimmt die verbleibende Masse sehr gut mit dem gemeldeten Aufkommen überein. Insgesamt liegt das meldepflichtige Aufkommen bei rd. 125.000 t/a.

Bei **Altautos** ist davon auszugehen, daß nach der Entfernung der gefährlichen Betriebs- und Inhaltsstoffe die verbleibende Restkarosserie als nicht gefährlicher Abfall einer Verwertung zugeführt wird. Die aus der Altautodemontage stammenden Altöle, Bremsflüssigkeiten, Starterbatterien, Kühlerflüssigkeiten, usw. sind in den Begleitscheinmeldungen zu den jeweils entsprechenden Schlüsselnummern enthalten (z.B. Altöl SN 54102, Bleiakkumulatoren SN 35322). Der als gefährlich einzustufende und damit begleitscheinpflichtige Anteil wird in Anlehnung an die aus dem Abfalldatenverbund ablesbare Entwicklung auf rd. 55.000 t/a geschätzt.

Das Aufkommen an **Altölen** und **Galvanikschlämmen** wird derzeit im Rahmen von Branchenkonzepten ermittelt. Die vorläufigen Zwischenergebnisse zeigen, daß bei Altölen nach wie vor mit rd. 45.000 t/a zu rechnen ist, während das Aufkommen der Galvanikschlämme rückläufig ist. Demzufolge wird das Massenpotential für Galvanikschlämme mit rd. 15.000 t/a beziffert. Da auch ein möglicher nicht gefährlicher Anteil zu berücksichtigen ist, wurde das meldepflichtige Aufkommen mit 4.000 bis 15.000 t/a angenommen.

Feste salzhaltige Rückstände aus der Rauchgasreinigung von Feuerungsanlagen für konventionelle Brennstoffe umfassen

- Reststoffe aus der Wirbelschichtfeuerung mit Trockenadditivverfahren zur SO_2-Abscheidung als Gemisch aus Flugasche und Reaktionsprodukten und
- Reststoffe aus trockenen und quasi-trockenen Entschwefelungsverfahren als Gemische aus Flugasche und Reaktionsprodukten mit einem vom Vorentstaubungsgrad abhängigen Flugaschengehalt (Sprühabsorptions- und Trockensorptionsverfahren).

In Österreich werden derzeit über 600 Dampfkesselanlagen betrieben, wovon über 30 eine Rauchgasentschwefelungsanlage besitzen. Recherchen des Umweltbundesamtes haben ergeben, daß bei diesen Anlagen jährlich rd. 35.000 t Reststoffe aus der Rauchgasreinigung anfallen. Im Jahr 1995 wurden jedoch nur 7 t mittels Begleitschein gemeldet. Die Auswertung aus dem Abfalldatenverbund läßt daher den Schluß zu, daß es sich bei diesen Reststoffen um nicht gefährliche Abfälle handelt, die somit nicht im Nachweissystem für gefährliche Abfälle aufscheinen.

Bei **Fetten und Fritierölen** ist weiterhin von einem Massenpotential von rd. 37.000 t/a auszugehen. Für die Angabe des meldepflichtigen Aufkommens wurde ein 60%iger Erfassungsgrad berücksichtigt. Dieser Erfassungsgrad wird derzeit in Gastronomiebetrieben durch den Einsatz von Holsystemen erreicht. In der Industrie werden die Speiseöle und Fritierfette praktisch zu 100 % durch Sammelbetriebe im Holsystem erfaßt.

Die größten Massen (rd. 60 %) an gebrauchten Fetten und Fritierölen fallen in Haushalten an. Nach wie vor wird jedoch nur ein Bruchteil (rd. 2,3 % !) des Sammelpotentials aus Haushalten erfaßt. Der weitaus größte Teil wird einerseits über die Eigenkompostierung oder aber unzulässigerweise über die Kanalisation entsorgt. Die Sammlung erfolgt im Bringsystem sowohl bei den permanenten Problemstoffsammelstellen (Recyclinghöfe, Bauhöfe) als auch im Rahmen der periodischen Problemstoffsammlungen. Zu beachten ist weiters, daß mit Inkrafttreten der Festsetzungsverordnung 1997 mit 1.3.1998 die Begleitscheinpflicht für Fette und Fritieröle entfallen ist.

Eine große Massendifferenz zwischen im Abfalldatenverbund gemeldeten Massen und dem geschätzten Massenpotential tritt bei **Schlacken und Aschen aus Abfallpyrolyseanlagen** auf. Eine Auswertung aus der Anlagendatenbank des Umweltbundesamtes hat ergeben, daß in Österreich zumindest in sechs Krankenhäusern und in drei Betrieben Pyrolyseanlagen zur thermischen Behandlung von Abfällen zur Verfügung stehen. Die Reststoffe aus diesen Anlagen werden jedoch nur zu einem sehr geringen Anteil mittels Begleitscheinen nachgewiesen. Im Jahr 1995 meldeten 3 Abgeberbetriebe nur rd. 70 t dieses Abfalls, der Rest scheint im Datenverbund nicht auf.

Mit derzeitigem Wissensstand kann nicht gesagt werden, ob Schlacken und Aschen aus Abfallpyrolyseanlagen tatsächlich im Ausmaß von 15.000 t/a anfallen. Dazu sind bereits Recherchen über die in Betrieb befindlichen Abfallpyrolyseanlagen und die Entsorgung der Rückstände im Rahmen des Projektes „Erhebung innerbetrieblicher Verbrennungsanlagen" im Gange. Weiters muß erhoben werden, ob Feststellungsbescheide existieren, die eine Entsorgung der Schlacken und Aschen aus Abfallpyrolyseanlagen als nicht gefährliche Abfälle ermöglichen. Bis zum Vorliegen der entsprechenden Informationen ist eine genaue Angabe des meldepflichtigen Aufkommens nicht möglich.

Die Hauptverwender für **Pfähle und Masten** sind die Post und die Elektrizitätsversorgungsunternehmen. Insgesamt werden jährlich etwa 75.000 bis 80.000 Altmaste ausgebaut, wobei ca. jeweils die Hälfte salzimprägniert bzw. steinkohlenteerölimprägniert ist. Altmaste werden teilweise als Maste wiederverwendet bzw. für andere Zwecke (Landschaftsbau, Zäune, etc.) weiterverwendet.

Da dem Abfalldatenverbund keine Abfälle von salzimprägnierten Pfählen und Masten gemeldet werden, wird davon ausgegangen, daß die wieder- bzw. weiterverwendeten Pfähle und Masten keine Abfälle im Sinne des AWG sind oder als nicht gefährliche Abfälle einzustufen sind. Dem letztgenannten Umstand wird bereits in dem vorliegenden Entwurf der Festsetzungsverordnung 1997 Rechnung getragen, wonach nur mehr kyanisierte Pfähle und Masten als gefährliche Abfälle gelten. Zukünftig wird daher von einem Massenpotential von rd. 15 t/a ausgegangen.

Bei **Bleiakkumulatoren** werden derzeit rd. 13.000 t/a Primärabfälle gemeldet. Die Entwicklung der Meldungen im Abfalldatenverbund in den letzten Jahren zeigt einen kontinuierlichen Anstieg um jährlich rd. 1.000 t. Unter der Annahme, daß dieser Trend anhält, kann das zukünftige Massenpotential für Bleiakkumulatoren mit rd. 15.000 t/a angegeben werden.

Gipsabfälle mit produktionsspezifischen schädlichen Beimengungen fallen einerseits bei Herstellungsprozessen in der chemischen Industrie (z.B. Herstellung von Flußsäure, Zitronensäure, Phosphorsäure) und andererseits bei der Neutralisation von Abwässern an. Nach Angaben der Industriellenvereinigung wurde zwischenzeitlich für den bei der Zitronensäure anfallenden Gips ein Verwertungsverfahren entwickelt. Gipsabfälle mit produktionsspezifischen schädlichen Beimengungen fallen daher zukünftig nur mehr in geringem Ausmaß an, sodaß für diese Abfälle von einem Massenpotential von rd. 10 t/a ausgegangen wird.

In den Jahren 1990 bis 1995 wurden keine bzw. keine nennenswerten Mengen an **rohölkontaminierter Bohrspülung** gemeldet. Dieser Abfall fällt nur im Rahmen der Aufsuchung von neuen Erdöllagerstätten an. Da nach Angaben der rohölfördernden Betriebe in Österreich keine neuen Erdöllagerstätten mehr erschlossen werden, fallen Abfälle der Schlüsselnummer SN 54502 nur mehr in sehr geringem Ausmaß an. Das Massenpotential wird daher für die Fortschreibung des Bundes-Abfallwirtschaftsplanes mit 1 t/a angegeben.

Das theoretische Massenpotential für **feste salzhaltige Rückstände aus der Rauchgasreinigung von Abfallverbrennungs- und Abfallpyrolyseanlagen** wurde unter Berücksichtigung der derzeitigen Gegebenheiten neu berechnet. Das spezifische Aufkommen von Rauchgasreinigungsprodukten aus Abfallverbrennungsanlagen wird in der Literatur sowie in

Praxisberichten je nach Verfahren mit 10-30 kg pro Tonne Abfall angegeben. Unter der Annahme, daß derzeit in den fünf in Betrieb befindlichen Anlagen zur Verbrennung von Hausmüll, Klärschlamm und gefährlichen Abfällen rd. 750.000 t/a Abfälle eingesetzt werden, ist allein bei diesen Anlagen mit einem Aufkommen zwischen 750 und 2.250 t/a zu rechnen.

Dazu kommen noch die aus Abfallpyrolyseanlagen stammenden festen salzhaltigen Rauchgasreinigungsrückstände. Derzeit ist österreichweit nicht umfassend bekannt, an welchen Standorten wie viele Abfälle in Pyrolyseanlagen betrieben werden. Diese Massen dürften aber nur einen geringen Einfluß auf das theoretische Massenpotential haben.

Auf Basis dieser Überlegungen wird das Massenpotential für feste salzhaltige Rückstände aus der Rauchgasreinigung von Abfallverbrennungs- und Abfallpyrolyseanlagen mit 2.500 t/a neu festgesetzt.

Derzeit sind in Österreich drei Betriebe zur Herstellung von Sekundäraluminium tätig, die Anzahl der Aluminiumgießereien dürfte zwischen 10 und 15 liegen. Das Massenpotential für **aluminiumhaltige Salzschlacken und Leichtmetallkrätzen** wurde anhand der Entwicklung im Abfalldatenverbund abgeschätzt und beträgt bei Salzschlacken rd. 25.000 t/a sowie bei Leichtmetallkrätzen rd. 6.000 t/a.

Zusammenfassend ist festzustellen, daß durch die Detailuntersuchungen 16 Abfallstoffe bei einigen gefährlichen Abfällen das Massenpotential neu festgesetzt werden konnte. Weiters wurde bei einigen Abfällen das bereits für den BAWP 1995 ermittelte Aufkommen bestätigt. Insgesamt konnte ein meldepflichtiges Aufkommen von 661.000-722.000 t/a ermittelt werden.

Neben dieser vom Umweltbundesamt durchgeführten Analyse ausgewählter gefährlicher Abfälle wurde zur Abschätzung des gesamten jährlichen Aufkommens die Entwicklung der als erzeugt gemeldeten Massen im **Abfalldatenverbund** herangezogen. Dieser liefert nunmehr eine konsistente Datenreihe über mehr als fünf Jahre und läßt somit solide Aussagen über steigende, gleichbleibende oder fallende Abfallmassen zu (vgl. auch Kapitel 4.2.2).

5.1.2 Massenpotentiale 1998

Auf Basis der vorstehend ausgeführten Überlegungen wurde für den Bundes-Abfallwirtschaftsplan 1998 ein **Massenpotential von rd. 760.000 t/a** ermittelt. Die Aufteilung des Massenpotentials auf die einzelnen Abfallgruppen ist aus Tabelle 14 ersichtlich und den Daten des BAWP 1995 gegenübergestellt.

Tabelle 14: Massenpotentiale für gefährliche Abfälle gemäß BAWP 1995 und 1998 – gegliedert nach Abfallgruppen gemäß ÖNORM S 2100 (Angaben in t/a)

Gruppe	Bezeichnung gemäß ÖNORM S 2100 (1990)	BAWP 95	BAWP 98
11	Nahrungs- und Genußmittelabfälle	1.600	20
12	Abfälle pflanzlicher und tierischer Fetterzeugnisse	50.452	49.135
13	Abfälle aus der Tierhaltung und Schlachtung	3	3
17	Holzabfälle	9.371	3.072
18	Zellulose-, Papier- und Pappeabfälle	1.265	180
31	Abfälle mineralischen Ursprungs (ohne Metallabfälle)	358.808	357.029
35	Metallabfälle	269.236	79.671
39	Andere Abfälle mineralischen Ursprungs sowie Abfälle von Veredlungsprodukten	850	2
51	Oxide, Hydroxide, Salzabfälle	25.509	19.331
52	Abfälle von Säuren, Laugen, Konzentraten	19.626	23.108
53	Abfälle von Pflanzenbehandlungs- und Schädlingsbekämpfungsmitteln sowie von pharmazeutischen Erzeugnissen und Desinfektionsmitteln	2.230	1.880
54	Abfälle von Mineralöl- und Kohleveredelungsprodukten	169.263	168.829
55	Abfälle von organischen Lösemitteln, Farben, Lacken, Klebstoffen, Kitten und Harzen	55.431	40.002
57	Kunststoff- und Gummiabfälle	4.811	6.146
58	Textilabfälle (Natur- und Chemiefaserprodukte)	801	412
59	Andere Abfälle chemischer Umwandlungs- und Synthesenprodukte	4.962	3.639
94	Abfälle aus Wasseraufbereitung, Abwasserbehandlung und Gewässernutzung	1.200	600
95	Flüssige Abfälle aus Abfallbehandlungsanlagen	500	1.000
97	Abfälle aus dem medizinischen Bereich	2.500	3.101
	Summen (gerundet)	**1 Mio**	**760.000**

Die detaillierte Angabe der Massenpotentiale zu einzelnen gefährlichen Abfälle erfolgt in ANHANG III. Darin werden auch die Massenangaben für die drei Bundes-Abfallwirtschaftspläne 1992, 1995 und 1998 gegenübergestellt. Zu berücksichtigen ist, daß die Rechtslage betreffend die Einstufung von gefährlichen Abfällen nur für die Pläne 1995 und 1998 übereinstimmt.

Abbildung 9 zeigt eine Gegenüberstellung der Massenpotentiale zwischen den beiden Bundes-Abfallwirtschaftsplänen 1995 und 1998, gegliedert nach den Abfallgruppen gemäß ÖNORM S 2100 (1990).

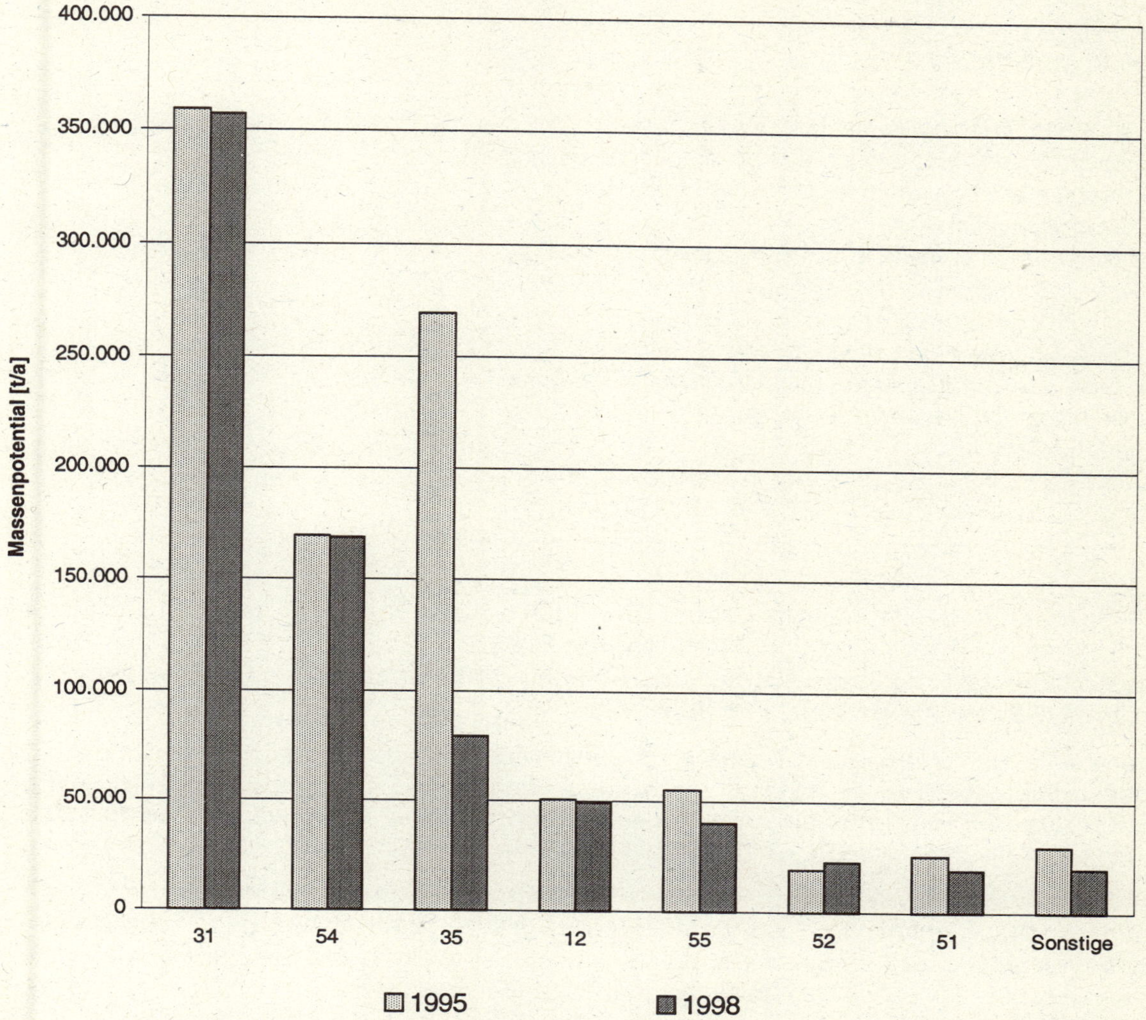

12 Abfälle pflanzlicher und tierischer Fetterzeugnisse
31 Abfälle mineralischen Ursprungs (ohne Metallabfälle)
35 Metallabfälle
51 Oxide, Hydroxide, Salzabfälle
52 Abfälle von Säuren, Laugen, Konzentraten
54 Abfälle von Mineralöl- und Kohleveredelungsprodukten
55 Abfälle von organischen Lösemitteln, Farben, Lacken, Klebstoffen, Kitten und Harzen

Abbildung 9: Massenpotentiale für gefährliche Abfälle 1995 und 1998 – gegliedert nach Abfallgruppen gemäß ÖNORM S 2100 (1990)

Wie bereits im vorangegangenen Kapitel erläutert, ermöglichten neue Erkenntnisse über das Aufkommen gefährlicher Abfälle eine Neufestlegung der Massenpotentiale, die insgesamt zu einer **Verringerung** auf nunmehr rd. 760.000 t/a führten. Im Vergleich zum BAWP 1995 hat sich das geschätzte Aufkommen bei folgenden 10 gefährlichen Abfallarten besonders stark verringert:

Verringerung bei	*um*
• *Eisen- und Stahlabfälle, verunreinigt (Altautos)*	*185.000 t*
• *feste salzhaltige Rückstände aus der Rauchgasreinigung von Feuerungsanlagen für konventionelle Brennstoffe*	*40.000 t*
• *Galvanikschlämme*	*10.000 t*
• *Holz (z.B. Pfähle, Masten), salzimprägniert*	*9.000 t*
• *Gipsabfälle mit produktionsspezifischen schädlichen Beimengungen*	*6.500 t*
• *Bohrspülung und Bohrklein, rohölkontaminiert*	*5.900 t*
• *feste salzhaltige Rückstände aus der Rauchgasreinigung von Abfallverbrennungsanlagen und Abfallpyrolysenanlagen*	*4.500 t*
• *Lösemittelgemische, halogenhaltig*	*4.200 t*
• *Bleiakkumulatoren*	*4.000 t*
• *Ofenausbruch aus metallurgischen Prozessen mit produktionsspezifisch schädlichen Beimengungen*	*3.600 t*

Der Rückgang des Aufkommens gefährlicher Abfälle ist auf mehrere Ursachen zurückzuführen. Einerseits ist es bei einigen Abfallstoffen tatsächlich zu einer Verringerung des Abfallaufkommens gekommen, z.B. bei rohölkontaminierter Bohrspülung, halogenhaltigen Lösemittelgemischen, Galvanikschlämmen.

Andererseits führten neue und bessere Kenntnisse über einige gefährliche Abfälle dazu, daß Massenpotentiale genauer angegeben werden können, z.B. bei festen salzhaltigen Rückständen aus der Rauchgasreinigung von Feuerungsanlagen für konventionelle Brennstoffe bzw. von Abfallverbrennungs- und Abfallpyrolyseanlagen sowie bei Bleiakkumulatoren.

Zusätzlich wurde – soweit bekannt – auch die innerbetriebliche Verwertung oder Weiterverwendung berücksichtigt, d.h. daß die anfallenden gefährlichen Abfälle und Produktionsrückstände nicht als Abfälle im Sinne des AWG einzustufen waren (z.B. Gipsabfälle mit produktionsspezifischen schädlichen Beimengungen aus der Zitronensäureherstellung, salzimprägnierte Pfähle und Masten).

Die größte Reduktion des Massenpotentials ist bei Altkraftfahrzeugen zu verzeichnen, die als gefährliche Abfälle einzustufen sind, sofern sie noch gefährliche Betriebsstoffe und Bestandteile enthalten. In der Praxis erfolgt jedoch bei den jährlich rd. 200.000 Stück anfallenden Altfahrzeugen bereits überwiegend eine Demontage und Entfrachtung der gefährlichen Inhaltsstoffe. Der Anteil der gefährlichen Inhaltsstoffen, insbesondere Batterien und diverse Altöle beträgt im Schnitt rd. 40 kg pro Altkraftfahrzeug. In den Jahren 1994 bis 1996 wurden jeweils rd. 51.000 t Altkraftfahrzeuge als gefährliche Abfälle entsorgt.

Insgesamt ist im Vergleich zum BAWP 1995 eine Verringerung des Massenpotentials bei 129 gefährlichen Abfällen zu verzeichnen. Bei 44 gefährlichen Abfällen ist das Massenpotential unverändert geblieben und bei 100 Abfällen ist ein Anstieg zu verzeichnen. Die **Zunahme** bei den letztgenannten Abfällen macht insgesamt 120.000 t/a aus und ist anhand der Entwicklung der gemeldeten Massen zu einzelnen Abfällen im Abfalldatenverbund ermittelt worden. Der größte Anstieg ist bei „sonstigen verunreinigten Böden“ zu verzeichnen, er beträgt 17.000 t. Weiters wurden im Vergleich zum BAWP 1995 um rd. 16.000 t mehr „Flugaschen und Stäube aus Abfallverbrennungsanlagen“ gemeldet.

Weitere Anstiege um jeweils mehr als 5.000 t sind bei folgenden Abfallarten zu verzeichnen:

- aluminiumhaltige Salzschlacken
- schwermetallhaltige Stäube und Aschen aus Schmelzprozessen
- Kunststoffemballagen mit schädlichen Restinhalten
- chemisch verunreinigter Bauschutt
- ölverunreinigte Böden

Insgesamt ist bei den Meldungen für gefährliche Abfälle im Abfalldatenverbund eine steigende Tendenz festzustellen. Dies ist vorwiegend auf einen verbesserten Vollzug der Abfallnachweisverordnung und anderer Verordnungen zum AWG zurückzuführen. Nur in wenigen Fällen kann der Anstieg auf eine tatsächliche Zunahme der Abfallmassen zurückgeführt werden.

Insgesamt ist die mit Begleitscheinen nachgewiesene Masse jedoch nach wie vor niedriger als das ermittelte Massenpotential. Die Daten für das Bezugsjahr 1996 zeigen eine Differenz von rd. 160.000 t. Dies ist vor allem darauf zurückzuführen, daß für gefährliche Abfälle im Einzelfall der Nachweis der Ungefährlichkeit erbracht werden kann und für diese nunmehr nicht gefährlichen Abfälle keine Begleitscheinpflicht besteht. In welchem Ausmaß derartige Nachweise erfolgen, ist dem Umweltbundesamt nicht bekannt.

Die wesentlichen Ursachen für die auftretenden Massendifferenzen lassen sich wie folgt zusammenfassen:

- Nachweis der Nicht-Gefährlichkeit: Über solche "ausgestuften" Abfälle liegen – naturgemäß – keine Begleitscheine vor.
- Innerbetriebliche Verwertung von gefährlichen Abfällen: Diese ist nicht begleitscheinpflichtig und somit sind die Mengen der innerbetrieblich verwerteten gefährlichen Abfälle nicht im Abfalldatenverbund erfaßt.
- Verschiedene Abfälle, für die Massenpotentiale angegeben wurden, bestehen nur zum Teil aus gefährlichen Abfällen. Nach zulässiger Abtrennung wird nur der Anteil gefährlicher Abfälle gemeldet.

Jene gefährlichen Abfälle, die zum Gesamtmassenpotential wesentlich beitragen, sind in Tabelle 15 dargestellt. Es handelt sich um 20 Abfallarten mit einem Massenpotential von insgesamt rd. 607.000 t. Dies entspricht bereits rd. 80 % des Gesamtmassenpotentials.

Tabelle 15: Massenpotential gefährlicher Abfälle 1998 – Größte Massen gefährlicher Abfälle (Angaben in t/a)

SN	Bezeichnung	Massenpotential
12302	Fette (z.B. Fritieröle)	37.000
12501	Inhalt von Fettabscheidern	12.000
31108 inkl. 31110	Ofenausbruch aus metallurgischen Prozessen mit produktionsspezifisch schädlichen Beimengungen	9.000
31211	Salzschlacken, aluminiumhaltig	25.000
31223	Stäube (Aschen) aus Schmelzprozessen, soferne sie arsen-, blei-, cadmium-, cyanid-, quecksilber-, chrom-(VI)-haltig sind	10.500
31308 inkl. 31310	Schlacken und Aschen aus Abfallverbrennungs-anlagen	145.000
31309 inkl. 31311	Flugaschen und -stäube aus Abfallverbrennungs-anlagen	26.000
31314	feste salzhaltige Rückstände aus der Rauchgas-reinigung von Feuerungsanlagen für konventionelle Brennstoffe (ohne Rea-Gipse)	35.000
31316	Schlacken und Aschen aus Abfallpyrolyseanlagen	15.000
31423	ölverunreinigte Böden	50.000
31424	sonstige verunreinigte Böden	22.000
35103	Eisen- und Stahlabfälle, verunreinigt (Altautos)	55.000
35322	Bleiakkumulatoren	15.000
511 inkl. 51101-51108, 51110, 51112	Galvanikschlämme	15.000
54102 inkl. 54101, 54103, 54109, 54116-54119, 54121	Altöle	45.000
54402	Bohr- und Schleifemulsionen und Emulsions-gemische	16.000
54408	Öl-Wassergemische	25.000
54702	Ölabscheiderinhalte (Benzinabscheiderinhalte)	30.000
54930	feste fett- und ölverschmutzte Betriebsmittel (Werkstätten-, Industrie- und Tankstellenabfälle)	12.600
55205	fluorkohlenwasserstoffhaltige Kälte-, Treib- und Lösemittel	7.100
	Summe 20 Abfälle	**rd. 607.000**

Massenpotentiale für gefährliche Abfälle 1998

Gesamtmasse rd. 760.000 t/a

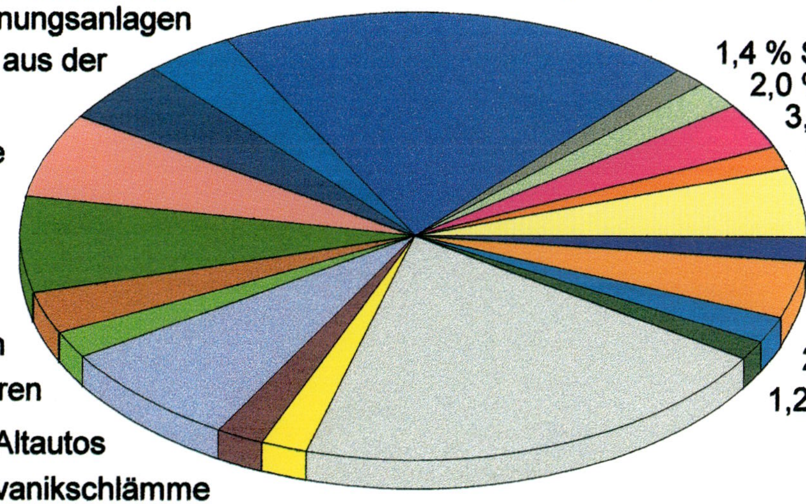

Umweltbundesamt

Juni 1998

5.2 Zuordnung zu Behandlungswegen

Um eine abfallwirtschaftliche Planung der notwendigen Behandlungskapazitäten durchführen zu können, ist eine Zuordnung der gefährlichen Abfälle zu einzelnen Behandlungswegen notwendig. Diese Zuordnung zu den Behandlungswegen, die als Soll-Behandlungswege bezeichnet werden, orientiert sich an den Zielen und Grundsätzen der Abfallwirtschaft. Demzufolge sind nicht verwertbare Abfälle je nach ihrer Beschaffenheit durch biologische, thermische oder chemisch-physikalische Verfahren zu behandeln, feste Rückstände sind möglichst reaktionsarm und konditioniert auf geordneten Deponien abzulagern. Weiters wurden bei der Zuordnung die gefahrenrelevanten Eigenschaften der Abfälle berücksichtigt. Bei einigen Abfällen war auf Grund ihrer Heterogenität und der Bandbreite des möglichen Gefährdungspotentiales eine anteilsmäßige Aufteilung auf mehrere Behandlungsarten notwendig.

Die Zuordnung der einzelnen gefährlichen Abfälle erfolgte zu nachstehend angeführten Behandlungsarten:

BVE Behandlung von verunreinigtem Erdreich
CPA Chemisch-physikalische Behandlung anorganischer Abfälle
CPO Chemisch-physikalische Behandlung organischer Abfälle
DEP Deponie
LAZ Zwischenlager und Lager auf Zeit
RTH Rückstandsbehandlung
SB Spezielle Behandlung gefährlicher Abfälle
UTD Untertagedeponie

Als Grundlage diente die bereits für den Bundes-Abfallwirtschaftsplan 1995 getroffene Zuordnung, die teilweise aktualisiert wurde.

5.3 Erforderliche Behandlungskapazitäten

Zur Abschätzung der in Österreich notwendigen Behandlungskapazitäten für gefährliche Abfälle wird unter Bedachtnahme auf die absolute Notwendigkeit der Abfallvermeidung von folgenden Überlegungen ausgegangen:

- Verringerungspotentiale sind vorhanden und werden in zunehmendem Maße genutzt (z.B. innerbetriebliche Vermeidung und Verwertung). Die Maßnahmen zur Vermeidung und Verwertung werden mittel- bis langfristig zur Reduzierung einzelner Massen gefährlicher Abfälle führen, kurzfristige Auswirkungen sind nur in geringem Ausmaß zu erwarten.
- Die bessere Kontrolle über den Anfall und Verbleib von gefährlichen Abfällen durch die Vollzugsbehörden führt zu einer Erhöhung des Erfassungsgrades gefährlicher Abfälle.
- Aus der Altlastensanierung sind zusätzliche Massen an gefährlichen Abfällen zu erwarten, die einer Behandlung zugeführt werden müssen.
- Unter dem Aspekt von verschärften Deponieanforderungskriterien werden die thermischen Verfahren zur Behandlung von gefährlichen Abfällen in der Entsorgungskette eine entscheidende Rolle einnehmen, da sie zur Zerstörung organischer Schadstoffe bei gleichzeitiger Reduktion der Abfallmasse führen und zusätzlich der Energieinhalt der Abfälle genutzt werden kann.
- Exporte und Importe von gefährlichen Abfällen werden weiterhin in eher geringem Umfang stattfinden.

Ausgehend vom ermittelten Massenpotential für gefährliche Abfälle von rd. 760.000 t/a sind mit Hilfe der Soll-Behandlungswege die Behandlungskapazitäten errechnet worden. Dabei ist zu berücksichtigen, daß durch die Anwendung mehrerer aufeinanderfolgender Behandlungsschritte und durch die Addition der dabei anfallenden Reststoffe die theoretische Behandlungskapazität über dem Massenpotential liegt.

5.3.1 Chemisch-physikalische Behandlung

Für die chemisch-physikalische Behandlung von Abfällen sind Kapazitäten von insgesamt rd. 121.000 t/a erforderlich. Davon entfallen auf die Behandlung von organischen Abfällen rd. 84.000 t/a und von anorganischen Abfällen rd. 37.000 t/a.

Folgende anorganische Abfälle sind mit chemisch-physikalischen Methoden zu behandeln:

- Galvanikschlämme
- Laugen und Laugengemische
- metallsalzhaltige Konzentrate
- Entwickler- und Fixierbäder
- Sickerwasser aus Abfalldeponien

Zu den größten, mit chemisch-physikalischen Verfahren zu behandelnden organischen Abfällen zählen:

- Öl- und Benzinabscheiderinhalte
- Öl-Wassergemische
- Bohr- und Schleifölemulsionen und Emulsionsgemische
- Sandfanginhalte, öl- oder kaltreinigerhaltig
- Schlamm aus der Tankreinigung und Faßwäsche sowie aus Öltrennanlagen

5.3.2 Thermische Behandlung

Insgesamt sind für die thermische Behandlung gefährlicher Abfälle Kapazitäten von rd. 168.000 t/a notwendig. Davon entfallen rd. 143.000 t/a auf die direkte thermische Behandlung gefährlicher Abfälle und rd. 25.000 t/a auf die thermische Behandlung von Reststoffen aus anderen Behandlungswegen.

Die größten Massen thermisch zu behandelnder gefährlicher Abfälle sind:

- Altöle
- feste fett- und ölverschmutzte Betriebsmittel (Werkstätten-, Industrie- und Tankstellenabfälle)
- Fettabscheiderinhalte
- gebrauchte Öl- und Luftfilter sowie Ölbindematerialien
- Lack- und Farbschlämme sowie sonstige farb-, lack- und anstrichhaltige Abfälle
- Lösemittelgemische, halogenhaltig und halogenfrei
- Kunststoffemballagen mit schädlichen Restinhalten
- Holzabfälle und Holzemballagen, durch organische Chemikalien verunreinigt
- ölhaltige Schleifschlämme

5.3.3 Behandlung von verunreinigten Böden

Zu den verunreinigten Böden werden folgende Abfallarten gezählt:

- ölverunreinigte Böden
- sonstige verunreinigte Böden
- rohölverunreinigtes Erdreich, Aushub und Abbruchmaterial
- Bohrspülung und Bohrklein, rohölkontaminiert

Für die Behandlung dieser Abfälle sind Kapazitäten von rd. 79.000 t/a erforderlich.

5.3.4 Spezielle Behandlung

Für die spezielle Behandlung von gefährlichen Abfällen sind Kapazitäten von rd. 173.000 t/a erforderlich, davon entfallen auf:

- Altautos (gefährlicher Anteil) rd. 55.000 t/a
- Fette und Fritieröle (seit 1.3.1998 nicht gefährliche Abfälle) rd. 37.000 t/a
- aluminiumhaltige Salzschlacken rd. 25.000 t/a
- Bleiakkumulatoren rd. 15.000 t/a
- Stäube, Aschen und Schlacken aus Schmelzprozessen, sofern sie arsen-, blei-, cadmium-, cyanid-, quecksilber-, chrom(VI)haltig sind rd. 10.500 t/a
- Kühlgeräte rd. 7.100 t/a
- chemisch verunreinigten Bauschutt rd. 6.000 t/a
- aluminiumhaltige Leichtmetallkrätzen rd. 6.000 t/a

5.3.5 Rückstandsbehandlung

Zur Behandlung von Rückständen, die einerseits aus der thermischen Behandlung von nicht gefährlichen Abfällen und andererseits aus der thermischen und sonstigen Behandlung von gefährlichen Abfällen stammen sind insgesamt Kapazitäten von rd. 388.000 t/a notwendig. Dabei handelt es sich vorwiegend um folgende Abfälle

- Schlacken und Aschen aus Abfallverbrennungsanlagen
- feste salzhaltige Rückstände aus der Rauchgasreinigung von Feuerungsanlagen für konventionelle Brennstoffe
- Flugaschen, Stäube und salzhaltige Rückstände aus Abfallverbrennungsanlagen
- Schlacken und Aschen aus Abfallpyrolyseanlagen
- Reststoffe aus der Behandlung von verunreinigten Böden, aus der chemisch-physikalischen und sonstigen Behandlung von gefährlichen Abfällen

Diese Abfälle sind je nach Beschaffenheit und Eigenschaften direkt oder nach Konditionierung bzw. Einbindung in eine feste Matrix auf Deponien abzulagern. Im Einzelfall ist zu prüfen, ob eine Verwertung der Materialien möglich ist.

5.3.6 Zwischenlagerung, Untertagedeponie

Die Berechnung der Behandlungskapazitäten ergab, daß rd. 5.000 t/a gefährliche Abfälle einem Zwischenlager bzw. in weiterer Folge einer Untertagedeponie zuzuführen sind. Dazu zählen folgende Abfälle:

- aufkonzentrierte Reststoffe aus der chemisch-physikalischen Behandlung anorganischer Abfälle mit hohem Gefährdungspotential
- Bleisalze
- Härtesalze
- NE-metallhaltige Stäube
- Bleisulfat
- Kupferchlorid

5.4 Zusammenfassende Darstellung der erforderlichen Behandlungskapazitäten

Ausgehend vom ermittelten Massenpotential für gefährliche Abfälle von rd. 760.000 t/a sind nach der Zuordnung zu den entsprechenden Behandlungswegen die Behandlungskapazitäten errechnet worden. Insgesamt stellt sich die Situation wie folgt dar:

- rd. 173.000 t/a gefährliche Abfälle sind speziellen Behandlungsanlagen zuzuführen (z.B. Altautos, Fette und Fritieröle, Al-Salzschlacken und Leichtmetallkrätze, Bleiakkus, Leuchtstoffröhren, Kühlgeräte).
- rd. 37.000 t/a anorganische Abfälle (z.B. Säuren, Laugen, Galvanikschlämme) sind in chemisch-physikalischen Behandlungsanlagen aufzuarbeiten.
- rd. 84.000 t/a sind chemisch-physikalischen Behandlungsanlagen für organische Abfälle zuzuführen (z.B. Öl-Wassergemische, Ölabscheider und Sandfanginhalte, Emulsionen).
- rd. 79.000 t/a sind der Behandlung von regelmäßig anfallenden ölverunreinigten Böden zuzuordnen. Je nach Grad und Art der Verunreinigung, sind die Abfälle direkt zu deponieren, überwiegend aber in physikalischen, biotechnischen oder thermischen Anlagen zu behandeln.
- rd. 143.000 t/a Abfälle sind direkt der thermischen Behandlung zuzuführen. Mit den rd. 18.000 t/a Reststoffen aus der CPO-Behandlung und rd. 7.000 t verunreinigten Böden müssen insgesamt rd. 168.000 t/a gefährliche Abfälle thermisch behandelt werden.
- rd. 388.000 t/a Rückstände sind je nach Beschaffenheit und Eigenschaften direkt oder nach Konditionierung bzw. Einbindung in eine feste Matrix auf Deponien abzulagern. Dabei handelt es sich in erster Linie um Schlacken und Aschen aus der Restmüllverbrennung, um feste salzhaltige Rückstände aus der Rauchgasreinigung von Feuerungsanlagen für konventionelle Brennstoffe, um Schlacken und Aschen aus Abfallpyrolyseanlagen sowie um Flugaschen, Stäube und andere Rückstände aus Abfallverbrennungsanlagen.

Entsorgung gefährlicher Abfälle
SOLL - Zustand 1998

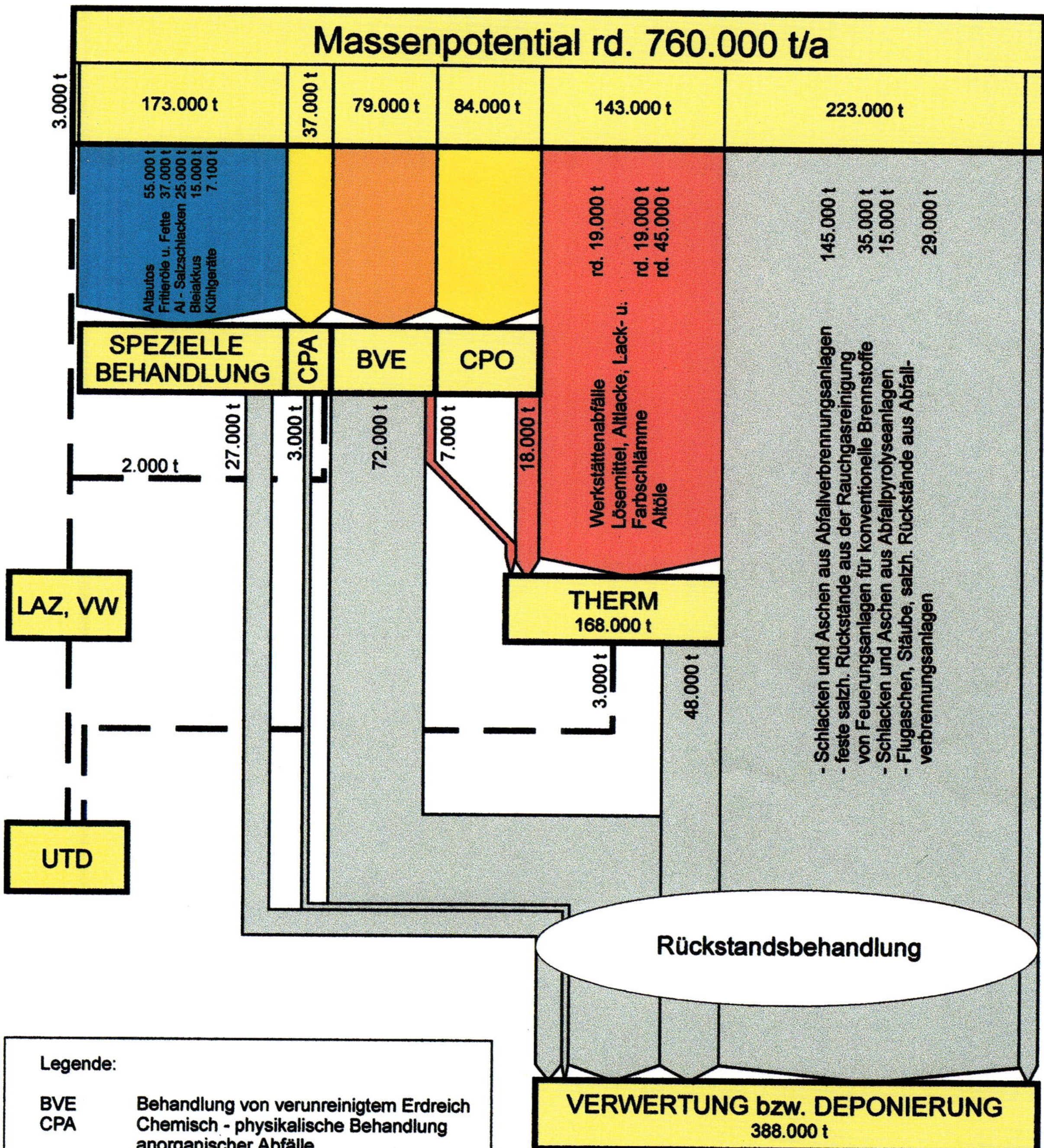

Legende:

BVE	Behandlung von verunreinigtem Erdreich
CPA	Chemisch - physikalische Behandlung anorganischer Abfälle
CPO	Chemisch - physikalische Behandlung organischer Abfälle
THERM	Thermische Behandlung u. Verwertung
LAZ	Zwischenlager und Lager auf Zeit
VW	Verwertung
UTD	Untertagedeponie

Umweltbundesamt

Juni 1998

5.5 Prognose

Mit Inkrafttreten der neuen Verordnung über die Festsetzung von gefährlichen Abfällen und Problemstoffen (Festsetzungsverordnung 1997, trat am 1. März 1998 in Kraft) ändert sich die Massensituation wesentlich. Mit der Festsetzungsverordnung 1997 wird die Einstufung als gefährlicher Abfall im wesentlichen auf eine taxative Liste gefährlicher Abfälle zurückgeführt. Die Analysen zeigen, daß dadurch einerseits das berechnete Massenpotential auf annähernd 1,35 Mio t ansteigen kann, andererseits aber große Massen bei entsprechenden Nachweisen (Ausstufung) nicht gefährliche Abfälle darstellen können. Da Meldepflichten über ausgestufte Abfälle vorgesehen sind, ist zu erwarten, daß die Kontinuität von Massenangaben erhalten bleibt.

Die Rahmenbedingungen für die Festsetzung der Ausstufung werden in Abstimmung mit den EU-Vorgaben im AWG geregelt. Die Festsetzungsverordnung regelt das Verfahren der Ausstufung detailliert, wobei inhaltliche und formale Vorgaben über die notwendigen Untersuchungen getroffen werden.

Die ausgestuften Mengen sind der Behörde anzuzeigen. Damit ist erstmals die weitgehende Erfassung der ausgestuften gefährlichen Abfälle möglich. Nicht in der Statistik scheinen aber weiter jene Abfallteilströme auf (wie z.B. ein Großteil der Altautos), die von nicht aufzeichnungspflichtigen Abfallerzeugern (Haushalten und vergleichbaren Einrichtungen) stammen und auf der ersten Stufe der Sammlung bereits einer Verwertung oder Behandlung zugeführt werden, aus der nicht gefährliche Abfälle oder Altstoffe resultieren. Ebenso bleibt eine Unsicherheit im Massenpotential jener Abfallschlüsselnummern, die sich in gefährliche und nicht gefährliche Abfälle aufspalten (Ofenausbrüche mit/ohne schädliche(n) Beimengungen; Verpackungsabfälle mit/ohne gefährliche(n) Kontaminationen; Elektroaltgeräte mit/ohne umweltrelevante(n) Anteile gefährlicher Inhaltsstoffe, Altkraftfahrzeuge entfrachtet/nicht entfachtet). Eine genauere Festlegung des Massenpotentials könnte in diesen Bereichen nur mit einem unvertretbar hohen Aufwand (Marktstudien, Bestimmung der durchschnittlichen Gerätelebensdauer, Erfassung von „Grauimporten“ etc.) erreicht werden.

6 VORGABEN ZUR VERMEIDUNG, VERWERTUNG UND BEHANDLUNG

6.1 Vermeidung und Verwertung

Abfallvermeidung und Abfallverwertung sollen zu einer quantitativen Verringerung und qualitativen Vermeidung der zu beseitigenden Abfallmengen führen.

Die Menge an zu entsorgenden gefährlichen Abfällen kann entweder durch Vermeidungs- oder durch Verwertungsmaßnahmen verringert werden, wobei auch die Wiederverwendung bzw. Weiterverwendung von Produkten als Abfallvermeidungsmaßnahme anzusehen ist.

Die wirkungsvollsten Maßnahmen zur Vermeidung und Verwertung von Abfällen werden angesichts der in der industriellen und gewerblichen Produktion umgeschlagenen großen Massen vorwiegend in diesem Bereich erwartet. Dazu bieten sich folgende Lösungswege an:

- die weitestgehende Schließung von Stoffkreisläufen
- die Substitution von Roh- und Hilfsstoffen
- die Umstellung auf neue abfallarme Technologien.

Dabei können folgende Kategorien und Maßnahmen gegeneinander abgegrenzt werden, auch wenn Überschneidungen häufig sind:

- Die freiwillige oder verpflichtende Auseinandersetzung der Betriebe mit ihrer Abfallwirtschaft (Branchenkonzepte, Gründung von überbetrieblichen Interessensgemeinschaften, Abfallwirtschaftskonzepte, Umweltmanagementsysteme, Abfallbeauftragte, Umweltabgaben, Umweltzeichen) bringt Transparenz – z. B. Kostentransparenz – in diesen Bereich und führt sehr oft aus wirtschaftlichen Überlegungen verstärkt zu Investitionen in eine Abfallverringerung.
- Maßnahmen, die durch Gesetze und Verordnungen für alle zwingend vorgeschrieben werden, dienen dazu, Mindestanforderungen zu definieren und umzusetzen. Beispiele dafür sind die Festlegung des Standes der Technik für bestimmte Produktions- und Verwertungsanlagen, von Produktanforderungen und von Emissionsgrenzwerten. Dabei handelt es sich vorwiegend um Verordnungen zum Chemikaliengesetz (ChemG 1987) aber auch zum Abfallwirtschaftsgesetz (AWG 1990), die in erster Linie auf eine qualitative Abfallvermeidung abzielen. Der Grad ihrer Umsetzung ist oft vom Ausmaß behördlicher Kontrollen abhängig.
- Im Bereich der Gesetzgebung gibt es eine zweite Kategorie von wirtschaftspolitischen Instrumenten, die mit marktwirtschaftlich orientierten Maßnahmen operieren. Dabei werden markteigene Instrumente zur Verbesserung der Umweltsituation genutzt und wirtschaftliche Anreize für branchenspezifische Verbesserungen geschaffen. Dafür geeignet sind Umweltabgaben, Umweltzertifikate, Rücknahmeverpflichtungen und Pfandsysteme, die Vorschreibung von Rücklaufquoten (Zielverordnungen) und Förderungen.
- Schließlich lösen auch Entwicklungen und Einflüsse, die nicht öffentlichen Lenkungsmaßnahmen entspringen, die Einleitung von abfallverringernden Maßnahmen aus. Man kann dies als Selbstregulierung der Wirtschaft verstehen, bedingt durch gestiegene Abfallentsorgungskosten, Erwartungshaltung der Konsumenten sowie öffentlichen Druck auf die Wirtschaft in Umweltschutzangelegenheiten (Imagepflege).
- Nicht zuletzt unterstützt auch das Umweltförderungsgesetz (BGBl 1993/185, § 1 (2) und § 2) durch betriebliche Umweltförderungen Maßnahmen zum Schutz der Umwelt durch Verringerung der Belastungen in Form von Luftverunreinigungen, klimarelevanten Schadstoffen, Lärm (ausgenommen Verkehrslärm) und Abfällen. Die Gewährung einer Förde-

rung soll einen größtmöglichen Effekt für den Umweltschutz bewirken. Dabei ist insbesondere nach ökologischer Prioritätensetzung vorzugehen.

Die Ziele der Abfallwirtschaft können nicht allein durch Quotenregelungen und nachgeschaltete Maßnahmen erreicht werden. Es müssen alle zur Verfügung stehenden Möglichkeiten in Betracht gezogen werden, um bestmögliche Ergebnisse zu erzielen. Eine zentrale Rolle spielen dabei produktintegrierte Maßnahmen. Dabei ist schon bei der Planung und Herstellung eines Produktes seine energie- und abfallwirtschaftliche Relevanz über den gesamten Produktlebenszyklus in dieser Weise zu berücksichtigen, daß eine optimale Kombination folgender Faktoren angestrebt wird:

- Minimierung des Materialverbrauches unter Erhaltung der Funktionalität und der mechanischen Festigkeit
- Langlebigkeit
- Verwendung hochwertiger, alterungsbeständiger und mehrmalig verwertbarer Materialien
- Reparaturfreundlichkeit
- Optimierung des Energieverbrauches über den Gesamtzyklus betrachtet
- Demontagefreundlichkeit in jener Weise, daß verschiedene Materialien sortenrein getrennt werden können bzw. soweit separierbar sind, daß sie mit bestehenden Technologien reststoffarm und unter geringem Energieaufwand aufgearbeitet werden können
- Verzicht auf toxische Bestandteile

Produktintegrierte Abfallwirtschaft umfaßt alle Strategien und Maßnahmen zur Vermeidung und Verwertung sowie qualitative Aspekte der Umweltverträglichkeit von Stoffen im Sachgüterbereich. Bei allen Bestrebungen besteht das zu erreichende Ziel in der Nachhaltigkeit. Dies ist ein mehrdimensionaler, vernetzter Begriff, dessen Säulen vor allem Naturschutz, Gesundheit und Sicherheit, Ressourcenschonung, Sozialökologie und eine ökologische Kultur sind. Um die Maxime der Nachhaltigkeit in die Praxis einzuführen, eignen sich besonders von Experten erstellte Leitfäden für die Nachhaltigkeit von Produkten.

In der Produktion – vor allem in der chemischen Industrie – kann durch eine Reihe von Maßnahmen der Abfall verringert werden. Dadurch, daß diese Maßnahmen direkt am Produktionsprozeß ansetzen, entstehen viele Abfälle erst gar nicht oder nur in geringerer Menge. Es handelt sich daher um Bereiche mit teilweise hohen Abfallvermeidungspotentialen.

Um die Verringerungspotentiale nutzbar zu machen, müssen die einzelnen technischen Verfahren mit dem Ziel der Vermeidung und Verwertung von Abfällen innerhalb des Prozesses bearbeitet werden. Dafür ist eine gesamtheitlich stoffliche, energetische, sicherheitstechnische, ökologische und ökonomische Betrachtung von Vorteil.

Eingriffsmöglichkeiten in ein Verfahren bestehen durch

- veränderten Rohstoffeinsatz, der in manchen Fällen zu weniger Koppel- oder Nebenprodukten führen kann
- Entwicklung neuer Synthesewege, die dazu beitragen, daß ungewollte Koppelprodukte gar nicht entstehen
- Reduzierung von Verfahrensschritten
- Optimierung der Reaktionsführung
- Verwendung alternativer Reaktionspartner
- Verwendung alternativer Reaktionsmedien
- Erhöhung der Selektivität, die in den meisten Fällen durch die Entwicklung geeigneter Katalysatoren erreicht werden kann
- Optimierung der Anlagen- und Regelungstechnik

- Aufbau von Stoffkreisläufen und weiteren Maßnahmen zur Wiederverwendung zur Einsparung von Roh- und Hilfsstoffen
- Einsparung von Energie

Zur rascheren Realisierung von Vermeidungs- und Verwertungsmaßnahmen wurden im Bundesministerium für Umwelt, Jugend und Familie Arbeitskreise mit Vertretern aus Wirtschaft, Wissenschaft und Verwaltung für die Erstellung von branchenspezifischen Vermeidungs- und Verwertungskonzepten gebildet. Ziel der **Branchenkonzepte** ist es, die Vermeidungs- und Verwertungspotentiale verschiedener Branchen in Österreich zu beschreiben und zu quantifizieren. Für bereits vorliegende Branchenkonzepte wurde von einem Ingenieurbüro (Fa. ECOTEC München) eine Studie zur Umsetzung von Vermeidungs- und Verwertungspotentialen erarbeitet. Dabei wurden durch Zusammenfassung der Kriterien Mengenrelevanz, Handlungsbedarf und Umsetzungschancen die Prioritätenstufen I bis III vergeben.

Darüber hinaus wurde im Auftrag des BMUJF auch eine Studie zur Untersuchung der Effektivität des Instrumentariums „Branchenkonzept" erarbeitet. Mittels Fragebogen und persönlichen Interviews bei Zielgruppen aus Behörden, Standesvertretungen, Ingenieurbüros, Abfallberatern und Betrieben wurde ermittelt, daß die Branchenkonzepte überwiegend als gute Nachschlagewerke anzusehen sind. Als nachteilig wurde bewertet, daß sie zu umfangreich und unübersichtlich sind, ihr Informationsgehalt mit der Schnellebigkeit in der Abfallwirtschaft nicht Schritt hält und daß deshalb auch die notwendige laufende Aktualisierung fast nicht möglich ist. Die praktische Umsetzung in den Betrieben ist dadurch behindert, daß ein Großteil der Mitarbeiter die Inhalte der Branchenkonzepte nicht kennt.

Neben den Branchenkonzepten existiert eine Reihe weiterer **Programme und Initiativen**, mit denen das Ziel der Umsetzung von Abfallverringerungspotentialen angestrebt wird. In erster Linie sind hier zu nennen:

- PREPARE-Programme, welche die Abfallverringerung in ausgewählten Betrieben über möglichst viele Branchen untersuchen und aktiv umsetzen.
- ÖKOPROFIT-Programme, bei denen Erfahrungen zum integrierten Umweltschutz in einer Region, z. B. innerhalb eines Stadtgebietes, durch Beteiligung einer ausreichenden Zahl (Größenordnung: 30) von Klein- und Mittelbetrieben gesammelt werden.
- PREGAS, ein Projekt zur Reduktion gefährlicher Abfälle in der Steiermark, bei dem gezielt jene Betriebe angeschrieben und zur Mitarbeit aufgefordert werden, die aufgrund von Abfallstatistiken als besonders betroffen hinsichtlich der Problematik der jeweils betrachteten gefährlichen Abfallstoffe ausgewiesen werden. Im Jahr 1996 wurden ausgewählte Abfallstoffe aus den Schlüsselnummer-Gruppen 54 und 55 bearbeitet.
- ECOTEC-Methodik, basierend auf Stoffflußanalysen mit Alternativenvergleich und Erstellung eines Entscheidungsrasters für ein Unternehmen. Über Workshops und Informationsveranstaltungen werden dann andere Unternehmen der Branche miteinbezogen, um zu einer möglichst branchenweiten Umsetzung durch Aufzeigen konkreter Maßnahmen zu ermutigen.
- PROGNOS-Punktesystem, bei dem alle Einzelschritte und Auswirkungen alternativer Verwertungs- und Entsorgungsverfahren nach den Aspekten Energieverbrauch, Emissionen, Schadstoffe im Abfall, Verwertungsquoten, Kosten, Kanzerogenität u. a. m. mit Punkten gewichtet und bewertet werden. Eine solche Bewertung wäre für jeden zu verwertenden/behandelnden Abfallstoff getrennt durchzuführen und liefert Anlagenplanern, Behörden und Investoren wertvolle Informationen, um den jeweils richtigen Abfallbehandlungsweg zu finden.

Zukünftige **Verringerungspotentiale** wurden im Rahmen der Arbeiten zum BAWP 1998 an gefährlichen und nicht gefährlichen Abfällen untersucht, deren Massenpotentiale insgesamt 85 % des Gesamtmassenpotentials aller Abfälle ausmachen. Darunter befinden sich auch gefährliche Abfälle mit einem Anteil von 92 % an der Masse aller gefährlichen Abfälle.

In Tabelle 16 werden die Massenpotentiale und Anteile der untersuchten gefährlichen und nicht gefährlichen Abfälle zusammenfassend dargestellt. Wenn derzeitige österreichweite Verwertungsquoten bekannt sind, werden diese angegeben. Zukünftige Potentiale zur Abfallverringerung werden getrennt nach Vermeidung und Verwertung für alle Abfallstoffe als Schätzwerte angegeben. Bei den einzelnen Abfällen treten wegen verschieden detaillierter Informationsgehalte unterschiedliche Bandbreiten der Schätzgenauigkeit auf; dies ist aus der Höhe der Differenz zwischen angegebenem Minimal- und Maximalwert abzulesen.

Abfallverringerung bedeutet nicht, daß es die angegebenen Anteile an Abfällen in Zukunft nicht mehr geben wird und auch nicht, daß es sie nach Umsetzung der Potentiale nicht mehr geben dürfte. Der quantitative Wegfall von Abfallmassen ist nämlich im Bereich der Vermeidung nur durch Verzicht möglich. Im Bereich der Verwertung ist die Massenreduktion langfristig nur bei Maßnahmen gegeben, die eine stoffliche Rückführung in den Produktionskreislauf solcher Produkte ermöglichen, für die ein unabwendbarer Bedarf gegeben ist, die daher andernfalls mit neuen Primärrohstoffen erzeugt werden müßten.

Substitutionstechnologien verlagern die Entstehung von Abfällen in andere Bereiche. Welche Veränderungen damit letztendlich bei der Abfallquantität eintreten, läßt sich vorab nur schwer vorhersagen. Meistens zielen Substitutionen auf qualitative Verbesserungen ab (Reduktion gefährlicher Inhaltsstoffe), sie sind unabhängig von der Massenproblematik im Sinne der Ziele und Grundsätze des AWG in jedem Fall umzusetzen. Daraus geht hervor, daß es unmöglich ist, als Untersuchungsergebnis zur Vermeidung und Verwertung von Abfällen ein zu verringerndes Massenpotential als Summe über alle untersuchten Abfallstoffe anzugeben. Beispielsweise kann die Vermeidung eines Abfalls durch Substitution den Anfall eines anderen Abfallstoffes hervorrufen, der jedoch nur mittels genauer Kenntnis des Alternativprozesses quantifiziert werden kann.

Tabelle 16: Vermeidungs- und Verwertungspotentiale im Überblick

Lfd. Nr.	Schlüssel-nummer	Abfallbezeichnungen	Massen-potentiale in Tonnen	davon gefährlicher Abfall in Tonnen	Anteile in Prozent BAWP 1998		Verringerungspotentiale in Prozent				
					an der Gesamtmasse	an der Gesamtmasse gef. Abfälle	Verringerungspotentiale bezogen auf das jeweilige Massenpotential				
							Vermeidung		Verwertung		
							Min	Max	Min	Max	Ist
1	12302	Fette (z.B. Fritieröle)	37.000	37.000	,08	4,89	0	0	50	80	27
2	14	Häute und Lederabfälle	127.225	0	,27	,00	0	10	0	50	
3	17	Holzabfälle ohne Holzverpackungen	3.345.472	3.072	7,20	,41	0	10	80	90	
4	31205, 31211, 31217	Abfälle aus der Aluminiumerzeugung	32.000	31.000	,07	4,09	10	30	70	90	40
5	31202, 31215, 31217-31221, 31401, 31425, 31426, 31614, 31615	Abfälle aus der Eisen- und Stahlerzeugung	2.321.300	0	4,99	,00	0	5	90	100	80
6	31, 35, 54, 55	Gießereiabfälle (Massenangabe gemäß Branchenkonzept)	110.707	3.292	,28	1,22	5	10	60	70	
7	31301	Flugaschen und -stäube aus Feuerungsanlagen	530.000	0	1,14	,00	0	0	50	100	
8	31308	Schlacken und Aschen aus Abfallverbrennungsanlagen	145.000	145.000	,31	19,15	0	0	0	20	
9	31309	Flugaschen und -stäube aus Abfallverbrennungsanlagen	26.000	26.000	,06	3,43	0	0	0	20	
10	31314	Feste salzhaltige Rückstände aus der Rauchgasreinigung von Feuerungsanlagen für konventionelle Brennstoffe (ohne Rea-Gipse)	35.000	35.000	,08	4,62	0	0	50	100	
11	31315	Rea-Gipse	75.000	0	,16	,00	0	0	50	100	
12	31316	Schlacken und Aschen aus Abfallpyrolyseanlagen	15.000	15.000	,03	1,98	0	0	0	20	
13	31409 - 31413, 31427, 31437, 31441, 91206	Bodenaushub, Baurestmassen, Baustellenabfälle	26.409.500	6.500	56,81	,86	5	10	85	90	80
14	31423	Ölverunreinigte Böden	50.000	50.000	,11	6,60	50	70	80	90	50
15	35103	Altautos	165.000	55.000	,35	7,26	10	20	80	90	80
16		Elektro- und Elektronikaltgeräte (EAG)	80.000	20.000	,00	,00	10	30	40	70	5
17	35322 - 35325, 35335, 35336	Batterien	17.075	17.075	,04	2,26	5	10	90	95	85
18	35326	Quecksilber, quecksilberhaltige Rückstände, Quecksilber-Dampflampen, Leuchtstoffröhren	1.200	1.200	,00	,16	0	0	80	90	70
19	511	Galvanikschlämme	15.000	15.000	,03	1,98					
20	515	Salzabfälle	35.430	4.331	,08	,57	0	0	75	80	
21	52102	Säuren und Säuregemische	4.700	4.700	,01	,62	10	15	40	70	
22	52404	Laugen und Laugengemische	4.500	4.500	,01	,59	0	0	10	40	
23	52707, 52715, 52723	Fotografische Badabfälle	5.210	5.210	,01	,69	5	10	50	80	
24	531	Pflanzenbehandlungs- und Schädlingsbekämpfungsmitteln	570	570	,00	,08	10	30	0	0	0
25	54102	Altöle	45.000	45.000	,10	5,94	30	50	100	100	100
26	54402	Bohr- und Schleifölemulsionen	16.000	16.000	,03	2,11	0	10	50	70	
27	54408	Sonstige Öl-Wassergemische	25.000	25.000	,05	3,30	10	50	30	60	
28	54702	Ölabscheiderinhalte (Benzinabscheiderinhalte)	30.000	30.000	,06	3,96	10	20	30	60	
29	54703	Schlamm aus Öltrennanlagen	1.000	1.000	,00	,13	0	10	20	60	
30	54710	Schleifschlamm, ölhaltig	3.500	3.500	,01	,46	0	10	30	60	0
31	54926 - 54930	Ölhaltige Werkstätten-, Industrie- und Tankstellenabfälle	24.200	24.200	,05	3,20	0	10	50	70	
32	552 ohne 55205	Abfälle von halogenhaltigen organischen Lösemitteln	2.293	2.293	,00	,30	5	10	40	60	
33	55205	FCKW-hältige Kälte-, Treib- und Lösemittel (Kühlgeräte)	7.100	7.100	,02	,94	0	0	70	90	
34	553	Abfälle von halogenfreien organischen Lösemitteln	11.124	11.124	,02	1,47	10	20	50	80	
35	55	Abfälle von Farb- und Anstrichmitteln	32.020	16.520	,07	2,18	20	40	10	20	
36	57	Kunststoff- und Gummiabfälle	654.274	6.146	1,41	,81	5	10	60	90	16
37	58	Textilabfälle	40.897	412	,02	,05	10	30	60	80	68
38	593	Laborabfälle und Chemikalienreste	2.500	2.500	,01	,33	0	5	10	30	0
39	59803, 59804	Druckgaspackungen	400	400	,00	,05	5	15	10	30	
40	59901	Polychlorierte Biphenyle, Terphenyle (PCB, PCT), Trafoöle	15	15	,00	,00	50	100	0	0	0
41	91101, 91104, 914, Alt- und Problemstoffe	Abfälle aus Haushalten und ähnlichen Einrichtungen	2.775.000	24.000	5,97	3,17	0	0	50	60	45
42	94	Abfälle aus der Wasseraufbereitung, Abwasserbehandlung und der Gewässernutzung	2.296.596	600	4,94	,08	0	10	60	80	25
		Summen	**39.554.808**	**695.260**	**85,07**	**89,97**					

Vermeidungs- und Verwertungspotentiale wurden für viele Abfallströme z. B. im Rahmen der Erarbeitung von Branchenkonzepten untersucht. Beispielsweise wurden im Bereich der **Farb- und Anstrichmittel** zahlreiche abfallarme und effiziente Applikationsverfahren entwickelt, die derzeit noch nicht in vollem Umfang eingesetzt werden. Mittel- bis langfristig ist daher in diesem Bereich ein hohes Vermeidungspotential zu erschließen.

Die Vermeidung des Anfalls von **Altölen** kann grundsätzlich nur durch Einsparungen beim Frischöleinsatz erreicht werden, wobei sich die Maßnahmen dazu in folgende Bereiche zusammenfassen lassen:

- Verzicht (z. B. Verwendung von ölfreien Systemen)
- Substitution (z. B. Verwendung umweltschonender Schmierstoffe)
- Verbesserung der Produkteigenschaften
- Schmierstoffpflege und verfahrenstechnische Maßnahmen (z. B. Verlängerung der Ölwechselintervalle).

Bei **ölverunreinigten Böden** kann ebenfalls von einem hohen Vermeidungspotential ausgegangen werden: Bei der Lagerung von Kraftstoffen kann die Gefahr einer Kontamination des Erdreichs durch den Einbau von doppelwandigen Lagertanks verringert werden. Bei der Beförderung von Kraftstoffen und Ölen kann die Gefahr von Tankwagenunfällen durch eine Verlagerung des Transports von der Straße auf die Bahn verringert werden. Ein zusätzlicher Vermeidungseffekt ergibt sich dadurch, daß die Schließung bestehender Tankstellen und die Sanierung der dabei anfallenden verunreinigten Böden rückläufig ist.

Bei Verwertungsmaßnahmen sind jedenfalls die Probleme der Marktgängigkeit von Produkten aus Sekundärrohstoffen und die Verhältnismäßigkeit der Kosten im Vergleich zu anderen Verfahren der Abfallbehandlung zu berücksichtigen.

Bei folgenden gefährlichen Abfällen ist langfristig ein sehr hoher Verwertungsgrad möglich, wobei die energetische Nutzung der Energieinhalte mit einbezogen wurde:

- Abfälle aus der Aluminiumerzeugung
- REA-Gips
- ölverunreinigte Böden
- Altautos
- Batterien
- Bleiakkumulatoren
- Leuchtstoffröhren
- Altöle
- Kühlgeräte

Die vermeidbaren Massen brennbarer Abfälle, die für die energetische Verwertung oder thermische Behandlung vorgesehen sind, sind abgesehen von Altölen gering. Die erzielbaren Vermeidungseffekte bleiben deshalb innerhalb des Streubereiches der angegebenen Massenpotentiale, sodaß sich für die Planung der thermischen Behandlungskapazitäten im Bereich der Abschätzung des Anlagenbedarfs keine Verminderungen ergeben.

6.2 Entsorgung und Anlagenbedarf

6.2.1 Behandlungsgrundsätze

6.2.1.1 Chemisch-physikalische Behandlung

Mit der Behandlung von Abfällen durch physikalische und/oder chemische Methoden sollen folgende **Ziele** erreicht werden:

- Rückgewinnung von Wertstoffen
- Vorbehandlung von Abfällen zur anschließenden stofflichen oder thermischen Verwertung
- Abtrennung von Schadstoffen aus wäßrigen Lösungen
- Reduktion des Gefährdungspotentials
- Reduktion der Masse an zu deponierenden Abfällen
- Immobilisierung von Schadstoffen vor einer Deponierung

Die Abfälle, die aufgrund ihrer chemischen, physikalischen oder toxikologischen Eigenschaften einer chemisch-physikalischen Behandlung zu unterziehen sind, lassen sich im wesentlichen in zwei Kategorien unterteilen:

- Flüssige, feststoffhaltige und organisch belastete Abfälle, zum Beispiel Emulsionen, feststoff- und ölhaltige Wässer, Öl- und Benzinabscheiderinhalte, Rückstände aus Tankreinigungen und ähnlich belastete Wässer. Die genannten Abfälle stammen vorwiegend aus Betrieben der metall- und mineralölverarbeitenden Industrie sowie aus Tankstellen und Kraftfahrzeug-Reparaturbetrieben.
- Flüssige, feststoffhaltige oder feststofffreie anorganisch belastete gefährliche Abfälle, zum Beispiel Säuren oder Laugen, cyanid-, nitrit-, chromat- und schwermetallhaltige Abwässer und Dünnschlämme aus der metallverarbeitenden, der elektrotechnischen und galvanotechnischen Industrie.

Weiters werden Abfälle der chemisch-physikalischen Behandlung zugeführt, die sowohl organisch als auch anorganisch belastet sind.

Für die Praxis der chemisch-physikalischen Behandlung gelten darüberhinaus folgende **Grundsätze**:

- Durch die Behandlung darf es zu keiner Verlagerung der Schadstoffproblematik vom Abfall ins Abwasser kommen.
- Nicht verwertbare Reststoffe, die sich aus der Behandlung bzw. einer allfälligen Weiterbehandlung ergeben, dürfen bei der Ablagerung kein Gefährdungspotential für nachfolgende Generationen darstellen. Dies gilt auch für die Verfestigung der Reststoffe.
- Brennbare Reststoffe sind in aufkonzentrierter, möglichst heizwertreicher Form thermisch zu behandeln oder thermisch zu verwerten.
- Eine Aufkonzentrierung brennbarer Stoffe kann prinzipiell auch in mobilen Anlagen erreicht werden. In diesem Fall sind dieselben Anforderungen an die Emissionen und deren Kontrolle und Überwachung zu stellen, wie auch bei stationären Anlagen. Da in Frage steht, ob die derzeit verfügbaren Technologien der mobilen Behandlung eine der stationären Behandlung vergleichbare Betriebssicherheit und Überwachbarkeit gewährleisten, ist im allgemeinen die Behandlung in stationären Anlagen zu bevorzugen.
- Getrennte Behandlungsbereiche für organische und anorganische Abfälle sind zumindest bis zur Entwässerung der Rückstände aus der Behandlung vorzusehen.

Die chemisch-physikalische Behandlung erfordert aufgrund der breiten Palette der Abfälle den Einsatz verschiedener Technologien für eine spezifische Behandlung der Abfallarten. Unabhängig davon ist aber die technische Ausstattung der Anlagen auch bei vergleichbaren Behandlungssträngen bis dato sehr unterschiedlich. Im Jahr 1997 wurde vom Umweltbundesamt eine Studie über „Grundlagen für eine Technische Anleitung zur chemisch-physikalischen Behandlung von Abfällen" abgeschlossen. Darin werden neben einer ausführlichen Darstellung des Ist-Zustandes die Anforderungen an die Ausstattung und Betriebsweise von chemisch-physikalischen Behandlungsanlagen definiert. Abwasseremissionen aus der biologischen und chemisch-physikalischen Abfallbehandlung werden im Bereich des Wasserrechtes begrenzt.

6.2.1.2 Thermische Behandlung

Die thermische Behandlung von Abfällen wird zur Erreichung der Ziele des Abfallwirtschaftsgesetzes in Zukunft auch in Österreich verstärkt an Stellenwert gewinnen.

Auf Bundesebene existieren Regelungen für Emissionsgrenzwerte für Dampfkesselanlagen der Müllverbrennung gemäß Luftreinhaltegesetz und dessen Verordnungen, für die Zementerzeugung und für die Ziegelerzeugung *(gemäß den Verordnungen des BMwA: Begrenzung der Emissionen von luftverunreinigenden Stoffen aus Anlagen zur Zementerzeugung bzw. Begrenzung der Emissionen von luftverunreinigenden Stoffen aus Brennöfen zur Ziegelerzeugung in gewerblichen Betriebsanlagen und Bergbauanlagen).* Umfassende bundeseinheitliche Regelungen zur thermischen Behandlung von Abfällen stehen noch aus.

An die in Österreich in Betrieb stehenden Abfallverbrennungsanlagen (thermische Behandlung von Abfällen als Hauptzweck) wurden Grenzwertanforderungen gestellt, die weitestgehend dem Stand einer modernen Emissionsminderungstechnik entsprechen. Unabhängig davon sind die bestehenden Regelungen zur Begrenzung der Emissionen in die Luft als nicht ausreichend bzw. unvollständig anzusehen. Vielmehr müssen auch verbindliche Anforderungen an

- die weitestgehende Verringerung des Gefährdungs- und Schadstoffpotentials der Abfälle durch Abbau von organischen Inhaltsstoffen,
- die Aufkonzentration der anorganischen Inhaltsstoffe in abscheidbarer Form,
- die Reduktion der Menge und des Volumens der Abfälle,
- die Qualität der Reststoffe (hinsichtlich umweltverträglicher Verwertbarkeit bzw. Ablagerung) und an
- die Verwertung der nutzbaren Energie

gestellt werden.

Als Vorbereitung für derartige Regelungen wurde vom Umweltbundesamt bereits 1995 die Studie "Grundlagen für eine technische Anleitung zur thermischen Behandlung von Abfällen" erarbeitet. Die Technische Anleitung zur thermischen Behandlung von Abfällen beschränkt sich nicht nur auf spezialisierte Abfallbehandlungsanlagen, sondern bezieht auch industrielle Produktionsanlagen, in denen Abfälle mitverfeuert werden, mit ein.

In weiterer Folge wurden die Arbeiten unter Einbeziehung der erforderlichen Umsetzung der Richtlinie 94/67/EG des Rates vom 16. Dezember 1994 über die Verbrennung von gefährlichen Abfällen sowie einschlägiger Richtlinien des Rates, die nicht unmittelbar oder nicht ausschließlich die Abfallwirtschaft betreffen, fortgesetzt. Unter dem Gesichtspunkt des in Österreich auch im Hinblick auf andere EG-Richtlinien bestehenden Regelungsbedarfes sollte sich die geplante Regelung nicht nur auf den Anwendungsbereich der Richtlinie 94/67/EG beschränken.

Die EU-Richtlinie über die Verbrennung gefährlicher Abfälle muß demnach im Zusammenhang mit den Anliegen der gesamten Abfallpolitik der EU, vor allem mit den Forderungen nach der Verringerung der Verbringung von Abfällen, dem Grundsatz der Entsorgungsnähe und der Schaffung einer geeigneten Entsorgungsinfrastruktur gesehen werden. Schon im Strategiepapier aus dem Jahr 1990 hat der Rat der Europäischen Union die Auffassung vertreten, daß sowohl die Menge als auch die Toxizität des Deponieabfalls verringert und hiezu die Abfallvorbehandlung gefördert werden sollte. Er stellte schon damals fest, daß die Müllverbrennung einen sinnvollen Weg zur Verringerung der Abfallmenge und zur Rückgewinnung von Energie darstellen kann, sofern hiebei entsprechende Normen eingehalten werden. Er bat gleichzeitig die Kommission, ihre Vorschläge für Industrieabfall-Verbrennungsanlagen umgehend zu ergänzen, die Aufstellung zusätzlicher Normen für Siedlungsmüllanlagen zu erwägen und Kriterien und Normen für die Deponieentsorgung vorzuschlagen. Damit war das „Strategiepapier“ aus dem Jahr 1990 bis heute richtungsweisend für die EU-Abfallpolitik. Als Teil dieser Abfallpolitik ist die Richtlinie über die Verbrennung gefährlicher Abfälle zu verstehen, die im Zusammenhang mit vorangegangenen Abfallrichtlinien der EG umzusetzen und anzuwenden ist.

Die Umsetzung der Richtlinie 94/67/EG sollte daher zum Anlaß genommen werden, in Entsprechung der Abfallpolitik der EU, wie sie in dem erwähnten Strategiepapier samt dessen absehbarer Revision enthalten ist, eine gesamthafte Umsetzung der einschlägigen Richtlinien vorzunehmen. Innerstaatlich würde dies eine Inanspruchnahme der Bedarfskompetenz des Bundes im Bereich der Abfallwirtschaft für nicht gefährliche Abfälle bedingen. Nur so kann gewährleistet werden, daß es nicht zu unterschiedlichen Regelungen sondern zu einer einheitlichen Umsetzung kommt. Dabei sind folgende **Grundsätze** zu beachten:

- Jede Verbrennung von Abfällen muß aus ökologischen, aber auch aus Wettbewerbsgründen langfristig gleichen technischen Anforderungen unterworfen werden. Ungeachtet dieses Grundsatzes können hinsichtlich einzelner Gruppen von Betriebsanlagen vertretbare Sonderregelungen geschaffen werden, doch sind diese als eng begrenzte Ausnahmen vom grundsätzlichen Ansatz zu begreifen. Dies bedeutet, daß die sog. Mitverbrennung von Abfällen grundsätzlich denselben Anforderungen entsprechen muß, wie die Verbrennung in nur diesem Betriebszweck gewidmeten (Abfall)Verbrennungsanlagen.
- Es muß die Einbeziehung sämtlicher Abfälle in die neue Regelung angestrebt werden. Die Unterschiede zwischen gefährlichen und sonstigen Abfällen bzw. zwischen Abfällen und innerbetrieblichen Reststoffen allein rechtfertigen keine jeweils gesonderten Regelungen. In diesem Zusammenhang ist zu beachten, daß die EU bereits an einem Vorschlag zur Erlassung einer Richtlinie auch für den Bereich der Verbrennung nicht gefährlicher Abfälle arbeitet.
- Es sollen möglichst alle Aspekte der Abfallverbrennung – Input, Verfahrenstechnik, Sekundärmaßnahmen, diese jeweils bezogen auf die Umweltmedien Luft, Wasser und Boden – regelungstechnisch erfaßt werden. Dieses umfassende Konzept liegt der Richtlinie 94/67/EG ebenso zugrunde wie der IPPC-Richtlinie.
- Sämtliche Anforderungen an die Abfallverbrennung haben dem Stand der Technik zu entsprechen.
- Auch bestehende Anlagen (Altanlagen) sind innerhalb bestimmter Übergangsfristen an diesen Stand der Technik heranzuführen.

6.2.1.3 Deponierung

Mit der am 1. Jänner 1997 in Kraft getretenen Deponieverordnung wurde eine entscheidende und richtungsweisende Grundlage für die Umsetzung der Ziele des Abfallwirtschaftsgesetzes – Schutz von Mensch und Umwelt, Schonung von Deponieraum, Rohstoff- und Energiereserven sowie Ablagerung reaktionsträger Rückstände – geschaffen. Es wurde dabei das Multibarrierenkonzept zu Grunde gelegt, das besagt, daß Emissionen durch die Barrieren „Input“ (Beschaffenheit der Abfälle), „Standort“ und „Deponietechnik“ (Deponietechnik inklusive Betrieb der Deponien) langfristig auf ein Mindestmaß reduziert werden müssen.

Die Deponieverordnung gilt zunächst für neue Deponien. Durch die am 1. Juli 1997 in Kraft getretene Novelle zum Wasserrechtsgesetz kommt es auch zu einer schrittweisen Einbeziehung von Altanlagen.

Das novellierte Wasserrechtsgesetz bezieht sich hierbei in § 31b und § 31d auf die Deponieverordnung und deren Bestimmungen. Für die bestehenden Deponien (genehmigt nach Gewerbeordnung oder Wasserrechtsgesetz) wurden in der Novelle des Wasserrechtsgesetzes Übergangsregelungen festgelegt. Die Bestimmungen der Deponieverordnung treten somit für bestehende Deponien in 3 Stufen in Kraft:

1. Stufe:

Ab 1. Juli 1998 sind folgende Anforderungen der Deponieverordnung einzuhalten:

- Deponieeinrichtungen
- Deponiepersonal
- Abfalleinbau
- Emissions- und Immissionskontrolle
- Kontrolle des Deponiekörpers
- Dokumentation
- Deponieaufsicht
- Beim Bau von Oberflächen- und Basisabdichtungen die entsprechenden Anforderungen der Deponieverordnung

2. Stufe:

Ab 1. Juli 1999 sind weitere Bestimmungen der Deponieverordnung einzuhalten:

- Verbote der Ablagerung bestimmter Abfälle; auch für Baurestmassendeponien
- Wasserhaushalt
- Behandlung von Deponiegas
- Besondere Bestimmungen für verfestigte Abfälle

3. Stufe:

Ab 1. Jänner 2004 sind auch die übrigen Anforderungen der Deponieverordnung einzuhalten, insbesondere:

- Verbot bestimmter Abfalleigenschaften, Grenzwerte für Schadstoffgehalte, den TOC und die Schadstoffgehalte im Eluat
- Gesamtbeurteilung, Eingangskontrolle, Identitätskontrolle, Rückstellproben.

Der Landeshauptmann kann unter gewissen Voraussetzungen die Ablagerung von Abfällen mit einem Gehalt an organischen Kohlenstoffverbindungen (TOC) über 5 % bis zum 31. Dezember 2008 genehmigen. Grundsätzlich gilt jedoch der 1. Jänner 2004 als Stichtag für die Beendigung der Ablagerung dieser „reaktiven“ Abfälle.

6.2.1.4 Altkraftfahrzeuge

Jährlich fallen in Österreich rd. 200.000 Altautos zur Verwertung und Entsorgung an. Nicht schadstoffentfrachtete Altautos sind als gefährlicher Abfall der Schlüsselnummer 35203 der ÖNORM S 2100 (ausgegeben am 1. September 1997) zuzuordnen und als gefährliche Abfälle anzusehen. Die relevanten umweltgefährlichen Bestandteile sind im besonderen:

- Kraftstoffe wie Benzin, Diesel
- Altöle,
- Hydrauliköle
- Ölfilter, ölverunreinigte Luftfilter und Benzinfilter
- Bremsflüssigkeit
- mit Frostschutzmittel beaufschlagte Kühlflüssigkeit
- Starterbatterien
- Kühlmittel für Klimaanlagen
- PCB-haltige Kondensatoren
- Flüssiggasanlagen
- Air-Bag und Gurtstrammer (enthalten Explosivstoffe)

Bei Verlust wassergefährdender Stoffe (z.B. Motoröl) müssen Vorkehrungen getroffen werden, daß diese nicht die Umwelt beeinträchtigen. Beim Transport der Altfahrzeuge zu den jeweiligen Verwertungs- bzw. Entsorgungsanlagen ist sicherzustellen, daß die Wracks derart gestapelt und transportiert werden, daß weder Betriebsflüssigkeiten austreten, noch eine nachfolgende Trockenlegung erschwert oder unmöglich gemacht wird.

Bei der oben angeführten Liste handelt es sich um eine demonstrative Aufzählung, da zur Zeit in Österreich über 400 behördlich genehmigte Typen von Kraftfahrzeugen in unterschiedlichsten Ausstattungsvarianten zugelassen sind.

Einer direkten Verwertung als Eisenschrott dürfen Altautos nur zugeführt werden, wenn die gefährlichen und sonstige die Verwertung unverhältnismäßig erschwerende Bestandteile (Leichtfraktion wie Kunststoffteile, Reifen, Glas, Buntmetalle, etc.) entfernt wurden.

Schadstoffentfrachtete Altautos sind der Schlüsselnummer 35204 (Fahrzeuge, Arbeitsmaschinen und -teile ohne umweltrelevante Anteile gefährlicher Stoffe) gemäß ÖNORM S 2100 (1997) zuzuordnen.

Aufgrund einer freiwilligen Vereinbarung zwischen den in der Wirtschaftskammer Österreich vertretenen Branchen der Kfz-Wirtschaft, dem Bundesministerium für wirtschaftliche Angelegenheiten und dem Bundesministerium für Umwelt, Jugend und Familie werden österreichweit Altautos vom Handel zurückgenommen, wobei bei gleichzeitigem Kauf eines Neu- oder Gebrauchtwagens die Rücknahme unentgeltlich erfolgt. Die im September 1992 abgeschlossene und mit Ende 1995 ausgelaufene Vereinbarung wurde unbefristet verlängert und um wesentliche Inhalte erweitert, welche eine unsachgemäße Entsorgung unterbinden und einen wirksamen Anreiz zur Umsetzung einer geordneten Erfassung und umweltgerechten Verwertung setzen sollen, um qualitative Verbesserungen bei der Altautoentsorgung zu erzielen. Diese Erweiterung betrifft insbesonders die Evaluierung der Effizienz der Vereinbarung, die Festlegung von „Mindestanforderungen an die Alt-Pkw-Verwertung“ und die Ausstellung eines Verwertungsnachweises für den Letztfahrzeughalter.

Die angesprochenen Mindestanforderungen gemäß dem Stand der Technik zur Altautobehandlung umfassen folgende Punkte:

- Eingangskontrolle und Zwischenlagerung[7] auf befestigten Flächen mit Erfassung und Behandlung von Niederschlagswässern oder Überdachung
- Entfernung von Abfällen und Druckbehälter wie z.B. Feuerlöscher, Flüssiggaskartuschen, Spraydosen
- Entfernung der Kraftstoffe
- Entfernung von mit Frostschutzmittel beaufschlagte Kühlflüssigkeit
- Entfernung von FCKW bzw. HFCKW aus Klimaanlagen (falls vorhanden)
- Ausbau der Starterbatterie sowie allfällig vorhandener PCB-hältiger Kondensatoren (Anlasser, Lichtmaschine, etc.)
- Entnahme von Motor- und Getriebe- und Differentialöl
- Absaugung bzw. Ausblasung der Bremsflüssigkeit und Hydrauliköle
- Entfernung des Abgaskatalysators
- Demontage der Räder und Reifen
- Auslösen von Air-Bag, Gurtstrammer und anderen selbstauslösenden Sicherheitselementen
- Weiterbehandlung im Shredder (oder einer vergleichbaren Einrichtung wie Schrottschere) zwecks mechanischer Aufbereitung in getrennte Stoffströme (insbesondere Eisenschrott mit allenfalls nur mehr geringen Verunreinigungen durch Buntmetalle und Buntmetallschrott). Die nicht verwertbaren Shredderrückstände sind ordnungsgemäß zu entsorgen.

Nicht dem Stand der Technik entspricht ein einfaches Paketieren (Verpressen) von Altfahrzeugen, auch wenn flüssige Betriebsstoffe zuvor entfernt wurden. Eine derartige Vorgangsweise führt zu stark verunreinigtem Eisenschrott mit Verunreinigungen durch NE-Metalle, anorganische Abfälle (Glas) und organische Abfälle (Kunststoffe, inklusive PVC). Die Folge einer derartigen Vorgangsweise ist eine Ressourcenvergeudung (Buntmetalle, Kunststoffe), eine Qualitätsminderung des rückgewonnenen Eisens (Zuführung legierungsschädlicher Fremdmetalle) und eine wesentliche Erhöhung vermeidbarer Emissionen beim Recycling (neben Abgasemissionen auch erhöhte Mengen von Schlacke).

Jährlich wird von der Wirtschaftskammer Österreich ein Bericht über den Stand der Umsetzung dieser freiwilligen Vereinbarung sowie über Entwicklungsmöglichkeiten veröffentlicht. Die Umsetzung der erweiterten Inhalte der Vereinbarung ist derzeit noch nicht oder noch nicht ausreichend erfolgt bzw. dokumentiert.

Für die weitere Zukunft dieser freiwilligen Vereinbarung ist neben der entsprechenden Evaluierung auch die Entwicklung auf europäischer Ebene ausschlaggebend. Altautos wurden im Rahmen des 5. EU-Umweltaktionsprogrammes als prioritärer Abfallstrom identifiziert. Auf Grundlage eines 1994 fertiggestellten Grundlagenpapieres wurde ein Vorschlag für eine Richtlinie des Rates über Altfahrzeuge erarbeitet, welcher am 9. Juli 1997 dem Rat vorgelegt wurde (KOM(97)358endg.). Der Richtlinienvorschlag enthält Vorsorgebestimmungen, eine Rücknahme- und Verwertungspflicht, technische Mindestanforderungen an die Behandlung, Zielvorgaben für die Wiederverwendung, die Verwertung und die verwertungsgerechte Konstruktion sowie die Ausstellung eines für die Abmeldung erforderlichen Verwertungsnachweises. Die Rückgabe durch den Letztfahrzeughalter soll unentgeltlich erfolgen.

[7] Als Stand der Technik sind flüssigkeitsdichte und mineralölbeständige Befestigungen der Bodenflächen sowie die Ableitung der allenfalls kontaminierten Niederschlagswässer über einen Benzin- und Ölabscheider sowie die anschließende Reinigung in einer mechanisch-biologischen oder chemischen-physikalischen Abwasserbehandlungsanlage anzusehen.

6.2.1.5 Elektroaltgeräte

Unter Elektroaltgeräten sind alle mit elektrischer Energie betriebenen Geräte zu verstehen:

- Braunware – Bild- und Ton- Aufzeichnungs- und Wiedergabegeräte
  z.B. Fernsehgeräte, Radios
- Weißware
  z.B. Waschmaschinen, Elektroherde, Kühl- und Gefriergeräte, Staubsauger, Küchenmaschinen, Elektrowerkzeuge, Heizlüfter
- Geräte der Informationstechnik
  z.B. Telefone, Computer, elektronisches Spielzeug, Kopiergeräte, Drucker, Funkgeräte Medizinische Geräte, Therapie-, Diagnostik- und Analysengeräte (Massagegeräte, Röntgengeräte, Sterilisatoren, Laborgeräte u.a.)
- Geräte der Lichttechnik
  z.B. Vorschaltgeräte, Geräte mit Gasentladungslampen
- Meß-, Steuer- und Regelgeräte
  z.B. Kfz-Elektronik, Uhren, Schaltschränke
- Heizgeräte
  z.B. Nachtspeicheröfen, Ölradiatoren
- Elektromotoren u. dgl.

Elektrische und elektronische Geräte sind in solche mit umweltrelevanten Mengen gefährlicher Anteile (SN 35201 gemäß ÖNORM S 2100, 1997) und solche ohne umweltrelevante Mengen gefährlicher Anteile (SN 35202) zu unterscheiden.

Im Falle ganzer Geräte sind insbesondere

- nicht trockengelegte Ölradiatoren
- asbesthaltige Nachtspeicheröfen
- FCKW-haltige Kühlgeräte

als gefährlich einzustufen.

Allerdings enthalten auch als nicht gefährlich eingestufte Geräte in der Regel schadstoffhaltige Bauteile, die zu einem erhöhten Schadstoffeintrag in Behandlungsanlagen und auf Deponien führen können. Einer umweltgerechten Behandlung im Sinne des § 1 Abs (1) AWG entspricht daher eine Schadstoffentfrachtung und Verwertung dieser Elektroaltgeräte.

Die Sortierung und weitere Behandlung der übernommenen Elektroaltgeräte erfolgt am wirtschaftlichsten in drei Gruppen:

- Großgeräte (z.B. Waschmaschinen, E-Herde, Geschirrspüler, Ölradiatoren, Boiler)
- Kleingeräte (z.B. PCs ohne Monitore, HiFi-Anlagen, Staubsauger, Kaffeemaschinen, Bügeleisen)
- Bildschirmgeräte mit Kathodenstrahlröhren (TV-Geräte, Monitore)

Elektrische und elektronische Altgeräte sind ein Abfallstrom, dessen Stellenwert in der Abfallwirtschaft in Österreich aber auch in unseren Nachbarländern noch nicht voll entsprochen wird. Die Heterogenität und Komplexität des Abfallstromes bedingt zur Erfüllung der abfallwirtschaftlichen Zielsetzung einer ordnungsgemäßen und umweltverträglichen Behandlung noch ein hohes Maß an manueller Arbeitskraft. Das ist mit vergleichsweise hohen Kosten verbunden, wodurch einerseits logistische und finanztechnische Voraussetzungen, andererseits aber auch verfahrenstechnische Rahmenbedingungen festzulegen sind.

Als Ziele für eine umweltgerechte Entsorgung von Elektronikaltgeräten sind zu nennen:

- Vermeidung von Abfällen von elektrischen und elektronischen Geräten und Geräteteilen durch den Einsatz schadstoffarmer und verwertbarer Materialien, die leichte Reparierbarkeit und Zerlegbarkeit der Geräte sowie durch die Wiederverwendung oder Verwertung der Altgeräte
- Sicherstellung einer bundesweiten getrennten Sammlung von elektrischen und elektronischen Altgeräten
- Aufbau bzw. Ausbau eines flächendeckenden Sammelsystems
- Rückgabe- und Rücknahmeverpflichtungen
- Sicherstellung einer ordnungsgemäßen umweltverträglichen Verwertung und Behandlung der Altgeräte

Um den Zielen und Grundsätzen des AWG zu entsprechen und den Anteil an gefährlichen Bestandteilen und Inhaltsstoffen so gering wie möglich zu halten, ist es sinnvoll, Elektro- und Elektronikgeräte mechanisch zu zerlegen, und die nicht schadstoffhaltigen Anteile von den schadstoffhaltigen Bauteilen bzw. Betriebsmitteln zu trennen. Dadurch soll eine größtmögliche Verwertung erreicht werden. Die Zerlegetiefe ist theoretisch beliebig steigerbar, doch werden durch ökonomische aber auch ökologische Überlegungen Grenzen unumgänglich. Unabhängig davon ist eine Schadstoffentfrachtung, das bedeutet im wesentlichen das Entfernen jener Bauteile, die als gefährliche Abfälle zu qualifizieren sind, jedenfalls durchzuführen. Beispielsweise sind dies quecksilberhaltige Bauteile, größere PCB-haltige Kondensatoren und Elektrolytkondensatoren, PCB-haltige Bauteile, Batterien und Akkumulatoren, LCDs und Leiterplatten, die mit diesen Bauteilen bestückt sind. Sowohl bei der Schadstoffentfrachtung als auch bei der nachfolgenden Verwertung schadstoffentfrachteter Elektronikgeräte und Teilfraktionen ist auf spezifische (auch an sich als nicht gefährlich eingestufte) Inhaltsstoffe und damit verbundene mögliche atypische Emissionen in den weiteren Verwertungsschritten Rücksicht zu nehmen (z.B. polybromierte Biphenylether als Flammhemmer in Kunststoffen und Leiterplatten, welche bei thermischer Belastung des Kunststoffmaterials zu polyhalogenierten Dibenzofuranen und Dibenzodioxinen reagieren können; Berylliumoxidkeramik als Träger für Halbleiter, welche beim Shreddern zu staubförmigen Emissionen lungentoxischen Berylliumoxids führen kann; etc.).

Falls Elektro- und Elektronikgeräte noch Betriebsmittel enthalten (z.B. Öl, Säure, Toner), sind diese vor oder bei der Zerlegung fachgerecht zu entfernen.

Aufgrund der in nahezu allen Geräten dieser Abfallkategorie anzutreffenden Schadstoffe, wie Leiterplatten, Elektrolytkondensatoren, PCB-haltige Kondensatoren, Quecksilberschalter, Batterien oder LCD-Anzeigen sowie wegen der in vielen Geräten vorhandenen Wertstoffe wie Eisen-, Bunt- und Edelmetalle ist entsprechend den Zielen und Grundsätzen einer modernen Abfall- und Stoffwirtschaft eine getrennte Sammlung unerläßlich. Die Sammlung der Altgeräte wird sinnvollerweise bereits bestehende und bewährte Strukturen, wie kommunale Sammeleinrichtungen oder den Handel, nutzen. Durch die Einbeziehung des Handels werden die derzeit verantwortlichen Gemeinden entlastet.

Ein weiteres wichtiges Kriterium für die Sammlung ist die Flächendeckung. Durch Sammelpunkte in den mehr als 2000 Gemeinden mit ihrer ausgereiften Logistik sowie durch das bundesweite Netz des Elektrohandels mit rd. 5000 Stützpunkten wäre dieser Forderung Rechnung getragen. In verschiedenen Pilotprojekten in Oberösterreich, Salzburg, der Steiermark und Vorarlberg wird diese Sammelstruktur in der Praxis bereits erprobt. Die Sammlung erfolgt dabei in den kommunalen Altstoffsammelzentren bzw. Recyclinghöfen sowie beim Elektrohandel.

Die getrennte Sammlung sowie die umweltgerechte Behandlung der Altgeräte nach dem Stand der Technik steht überwiegend noch am Anfang. Bisher wurden lediglich partielle Lösungen, z.B. bei Kühlgeräten, Gasentladungslampen und Batterien gefunden. Jährlich ist mit einem Aufkommen von rd. 80.000 Tonnen an elektrischen und elektronischen Altgeräten mit steigender Tendenz zu rechnen. Dieses Aufkommen verteilt sich im Verhältnis von etwa 55:45 auf Haushalte (Konsumgüter) und andere Bereiche wie Gewerbe, Industrie und Handel (Investitionsgüter).

Die Behandlung der Altgeräte ist aufgrund ihrer Komplexizität naturgemäß aufwendig und vergleichsweise kostenintensiv. Bisherige Vorgangsweisen, allen voran die Deponierung der Altgeräte, sind abzulehnen und entsprechen nicht dem Stand der Technik. Die zentrale Forderung bei der Behandlung der Altgeräte ist die Schadstoffentfrachtung. Schadstoffbelastete Komponenten müssen vor der Weiterbehandlung der Geräte entfernt und getrennt als gefährlicher Abfall dem Stand der Technik entsprechend behandelt werden. Zur Qualitätssicherung der Aufarbeitung der elektrischen und elektronischen Altgeräte sind seit Anfang 1998 Standards in Form der ÖNORM S 2106 „Verwertung und Entsorgung von Elektro- und Elektronikgeräten“ und ÖNORM S 2107 „Anforderungen an Sammel- und Behandlungsbetriebe für Elektro- und Elektronikgeräte“ verfügbar.

Seitens des Bundesministeriums für Umwelt, Jugend und Familie wurde die „Richtlinie zur Sammlung und Behandlung von Elektro- und Elektronikgeräten“ veröffentlicht. Intention der Richtlinie ist es, durch Verknüpfung der wichtigsten Erfahrungen aus den Pilotprojekten mit den Behandlungsgrundsätzen der ÖNORM S 2106, allen von der Thematik Betroffenen eine Richtschnur für den Umgang mit dieser Abfallgruppe auf der Basis der bestehenden Sammelstrukturen und der Rechtslage zu geben. Auch im Hinblick auf die Novelle 1997 der Verordnung über die Festsetzung gefährlicher Abfälle und der damit verbundenen formellen Ausgrenzung eines Großteils der Elektroaltgeräte aus dem Regime der gefährlichen Abfälle wurde es notwendig, eine Richtschnur für die Behandlung dieses Abfallstromes zu geben.

In Kooperation mit den jeweiligen Ämtern der Landesregierungen, lokalen Behörden, Interessensvertretungen und Abfallwirtschaftsverbänden werden seit einigen Jahren Projekte zur Sammlung und Verwertung von Altgeräten in verschiedenen Regionen Österreichs mit unterschiedlichen Systemansätzen durchgeführt und gefördert. Die Ergebnisse, die seitdem erarbeitet wurden, dienten als Basis für die Arbeit am Projekt „Evaluierung von Systemvarianten für die Sammlung und Verwertung von Elektroaltgeräten“. Ziel dieser, vom Bundesministerium für Umwelt, Jugend und Familie veröffentlichten Studie war die Ausarbeitung von Systemelementen, Systemvarianten und Beurteilungskriterien und deren objektive Evaluierung. Als Ergebnis wurden die Systemvarianten mit ihren jeweiligen Vor- und Nachteilen aufgezeigt. Ein zentraler Punkt in Zusammenhang mit einer Regelung der Sammlung und Behandlung der Altgeräte stellt die Form der Finanzierung bzw. die Lenkung der notwendigen Finanzmittel dar. Die denkbaren Modelle wurden hinsichtlich zahlreicher Kriterien wie Herstellerverantwortlichkeit, Verursacherprinzip, Vorsorgeprinzip, Kostenwahrheit, Akzeptanz, Hintanhaltung von Wettbewerbsverzerrungen, Kostenminimierung und Transparenz geprüft und simuliert. Diese sowie weitere Kriterien wurden sowohl nach objektiven als auch nach subjektiven Gesichtspunkten der eingebundenen Experten und Interessensvertreter bewertet. Die Ergebnisse können als wichtige Grundlage für die zukünftig zu treffenden Systementscheidungen herangezogen werden.

Unter dem Druck zahlreicher nationaler Einzelentwicklungen bzw. Bestrebungen zur Bewältigung der Elektroaltgeräte-Problematik, wurde seitens der DG XI der Europäischen Kommission ein Arbeitspapier für eine Richtlinie auf europäischer Ebene erstellt und zur Diskussion gestellt. Österreich kann dabei aufgrund des vergleichsweise umfangreichen Datenmaterials sowie der Erfahrungen aus den Pilotprojekten wertvolle Beiträge auch für eine europaweite Lösung leisten.

6.2.1.6 Kühlgeräte

Die Verordnung über die Rücknahme von Kühlgeräten, BGBl 1992/408 idF BGBl 1995/168, legt eine Rücknahme- und Pfandverpflichtung für Altkühlgeräte fest, um eine stoffliche Verwertung sowie fachgerechte Entsorgung der anfallenden Reststoffe zu gewährleisten. Ein wesentliches Ziel der getrennten Erfassung und Behandlung von Kühlgeräten ist es, die Emissionen an klimarelevanten (z.B. HFKW, KW) oder ozonschichtgefährdenden (FCKWs) Stoffen zu minimieren. Haushaltskühl- und Kältegeräte enthalten üblicherweise FCKW in zwei Bereichen, nämlich rund 150 g FCKW (= ca. 1/3 der Gesamtmenge) im Kältekreislauf und 300 bis 400 g (= ca. 2/3 der Gesamtmenge) FCKW im Isolierschaum. Daher ist eine Komplettentsorgung, d.h. Entsorgung des Kältekreislaufes und des Isolierschaumes der anfallenden Altgeräte erforderlich.

Bei der Entsorgung der Kühlmittel aus dem Kältekreislauf sind jedenfalls folgende Punkte zu beachten:

- Absaugstationen sind gegen austretendes Kompressoröl-Kältemittelgemisch zu sichern.
- Kältemittel und Kompressoröl sind gemeinsam abzusaugen.
- Eine ordnungsgemäße Entleerung des Kältekreislaufes ist durch eine der gewählten Absaugtechnik sowie der Größe des zu entsorgenden Gerätes angepaßten Absaugzeit (d.h. die Zeit zwischen Beginn des Druckabfalles im Kühlkreislauf und dem Absetzen der im ordnungsgemäßen Betrieb befindlichen Absaugvorrichtung) sowie durch in die Absaugtechnik integrierte Kontrolleinrichtungen (Manometer o.ä.) sicherzustellen.
- Kältemittel und Kompressoröl sind zu trennen bzw. ist das Gemisch einem Behandler, der die Trennung nachweislich durchführt, zu übergeben.
- Der FCKW-Restgehalt des Kompressoröls ist einmal jährlich durch eine staatlich bzw. behördlich befugte Fachperson oder Fachanstalt zu bestimmen und darf 0,2 Gewichtsprozent nicht überschreiten.
- Der Kompressor ist zu entfernen.
- Über sämtliche Materialströme sind genaue Aufzeichnungen zu führen.
- Alle Anlagen dürfen nur auf befestigten flüssigkeitsdichten und lösemittelbeständigen Flächen (entsprechend CKW-Anlagenverordnung, BGBl 1990/27) betrieben werden.

Bei der Entsorgung des Isolierschaumes ist auf folgende Punkte zu achten:

- Vor der Entsorgung des Isolierschaumes sind Glasplatten und eventuell vorhandene Quecksilberneigungsschalter zu entfernen.
- Wird die Zerkleinerung der bereits teilentsorgten Kühlgeräte vollmechanisch durchgeführt, muß die gesamte Zerkleinerungsanlage unter Teilvakuum stehen, um Emissionen an die Umgebung zu minimieren.
- Bei der händischen Demontage der Kühlgeräte ist durch ein Gutachten die Einhaltung der gesetzlich festgelegten MAK-Werte nachzuweisen.
- Der Gehalt an FCKW in der Abluft der Aktivkohleanlage ist einmal jährlich durch eine staatlich bzw. behördlich befugte Fachperson oder Fachanstalt zu bestimmen und darf 150 mg FCKW/m^3 nicht überschreiten.
- Für die Aktivkohleanlage ist ein Betriebstagebuch zu führen, worin die Regenerierung, die Wartung und besondere Vorkommnisse einzutragen sind.
- Über sämtliche Materialströme in der Anlage sind genaue Aufzeichnungen zu führen.
- Der Restgehalt an FCKW im Isolierschaum ist einmal jährlich durch eine staatlich bzw. behördlich befugte Fachperson oder Fachanstalt zu bestimmen und darf 0,5 Gewichtsprozent nicht überschreiten.

- Beim Betrieb der Anlage anfallende Schmutzwässer (Kondensate) dürfen nicht in einen Vorfluter und nur dann in ein öffentliches Schmutzwasserkanalnetz eingeleitet werden, wenn die von der zuständigen Behörde festgelegten Einleitbedingungen erfüllt werden.
- Alle Anlagen dürfen nur auf befestigten und flüssigkeitsdichten Flächen betrieben werden.

Eine unmittelbare thermische Verwertung der Isolierschäume (gemeinsam mit FE-Metallteilen) ist unter folgenden Bedingungen zulässig:

- wenn sichergestellt ist, daß FCKW möglichst vollständig erfaßt und zerstört werden und
- durch eine vorhergehende weitgehende Entfernung von kupferhaltigen Bauteilen keine Qualitätsminderung des Eisenschrottes auftritt.

Im Zeitraum März 1996 bis Februar 1997 wurden insgesamt rund 424.000 Kühlgeräte verkauft und laut Begleitscheinauswertung rd. 184.000 Kühlgeräte entsorgt. Die Differenz zwischen verkauften und entsorgten Kühlgeräten erklärt sich dadurch, daß nicht bei jedem Neukauf ein Gerät zur Entsorgung anfällt, z.B. wegen Haushaltsgründung, Weiterverwendung, Weitergabe oder Verkauf des Altgerätes, Trendentwicklung zu einem Zweitkühlgerät und Singlehaushalten. Mit der Einlösung des Großteils der Gutscheine ist daher erst in einigen Jahren zu rechnen, da die Kühlgeräte als langlebige Konsumgüter erst in mehreren Jahren zur Entsorgung anfallen werden.

6.2.2 Anlagenbedarf für die Behandlung gefährlicher Abfälle

Eine bundesweite Gegenüberstellung der erforderlichen mit den bestehenden Behandlungskapazitäten ist in Tabelle 17 dargestellt. Daraus ergibt sich folgender Handlungsbedarf:

- Für die **Sammlung**, **Zwischenlagerung** und den **Transport** gefährlicher Abfälle stehen ausreichende Kapazitäten zur Verfügung.
- **Chemisch-physikalische Behandlung**: Zur CP-Behandlung organischer und anorganischer Abfälle sind bundesweit keine zusätzlichen Durchsatzleistungen erforderlich. Auf Grundlage von technischen Mindestanforderungen sind die Altanlagen aber an den Stand der Technik für Neuanlagen nachzurüsten.
- **Spezielle Behandlungsanlagen**: Für Altautos, Bleiakkumulatoren, Kühlgeräte, Leuchtstoffröhren, Batterien, verunreinigte Böden sowie Altspeisefette[8] liegen die vorhandenen Behandlungskapazitäten weit über dem Entsorgungsbedarf.
- **Deponien**: Entsprechend den Vorgaben der Deponieverordnung wird für obertägige Deponien bei Einhaltung vorgegebener Qualitätsstandards nicht mehr zwischen der Ablagerung von gefährlichen und nicht gefährlichen Abfällen unterschieden. Für die Ablagerung von jährlich max. 400.000 t deponiefähigen Rückständen aus der Behandlung und Verwertung von gefährlichen Abfällen ist vorzusorgen. Insgesamt werden für die Ablagerung dieser Reststoffe aufgrund des verhältnismäßig geringen Aufkommens keine neuen Deponien zu errichten sein.
- Ein gegensätzliches Bild ergibt sich in bezug auf die erforderlichen Kapazitäten für die **thermische Behandlung**:

Im Bezugsjahr 1997 standen Kapazitäten von rd. 174.000 t/a (davon rd. 30.000 t/a im Versuchsbetrieb) für die thermische Behandlung gefährlicher Abfälle und Altöle zu Verfügung. Ein Teil davon wurde allerdings für die Verbrennung von nicht gefährlichen Abfällen genutzt. Die Verbrennung gefährlicher Abfälle erfolgte auch in Industrieanlagen, die heute nicht die-

---

[8] Fette und Fritieröle (SN 12302) sind im Berichtszeitraum für den BAWP 98 als gefährliche Abfälle eingestuft und erst mit Inkraftreten der Festsetzungsverordnung 1997 nicht gefährliche Abfälle.

selben Kriterien für die Abluftreinigung erfüllen wie Verbrennungsanlagen für Abfälle und bei denen die Entsorgungssicherheit durch Konjunkturschwankungen eingeschränkt werden könnte.

Unter diesen Voraussetzungen ist davon auszugehen, daß zukünftig weitere Kapazitäten für die thermische Behandlung gefährlicher Abfälle im Ausmaß von zumindest 40.000 t/a zu schaffen sind. Diese Massenangaben beinhalten noch keine anlagenspezifischen Reservekapazitäten. Weiters ist zu berücksichtigen, daß sich die zusätzlich erforderliche Behandlungskapazität noch um eine derzeit nicht abzuschätzende Masse aus der Altlastensanierung weiter erhöhen kann. Die in Ranshofen (OÖ) im Genehmigungsverfahren befindliche Anlage wurde mit einer Kapazität von 60.000 t/a beantragt.

Tabelle 17: Vergleich von erforderlichen mit vorhandenen Kapazitäten für die Behandlung gefährlicher Abfälle

Entsorgungsweg	Behandlungskapazitäten (in t/a)	
	vorhanden	notwendig
Spezielle Behandlung	320.000	173.000
Behandlung von verunreinigten Böden	147.000	79.000
Chemisch-physikalische Behandlung anorganischer Abfälle	40.000	37.000
Chemisch-physikalische Behandlung organischer Abfällen	165.000	84.000
Thermische Behandlung	174.000 [1]	168.000
Zwischenlager/Untertagedeponie	*	5.000
Reststoffbehandlung/Deponierung	*	400.000

* .... Keine genauen Kapazitätsangaben vorhanden, es ist aber davon auszugehen, daß ausreichende Kapazitäten zur Verfügung stehen.

[1] .... Davon entfallen 30.000 t/a auf eine Anlage im Versuchsbetrieb. Weiters sind in dieser Massenangabe auch Kapazitäten für nicht gefährliche Abfälle enthalten.

Für Abfälle, die derzeit nicht verwertet oder behandelt werden können, kann die Einrichtung von Zwischenlagern bzw. Abfallagern auf Zeit notwendig sein. Über zusätzlich notwendige Kapazitäten zur Zwischenlagerung gefährlicher Abfälle können keine detaillierten Angaben gemacht werden. Einrichtungen dieser Art existieren bei allen Abfallbehandlungsanlagen. Eine vorausschauende Festlegung von Lagerkapazitäten erscheint nicht zielführend.

Für bestimmte Abfallarten bzw. Reststoffe aus der Abfallbehandlung wird nach wie vor die Ablagerung in der von der Biosphäre abgeschlossenen Untertagedeponie erforderlich sein. In der Regel handelt es sich dabei um solche Abfälle, für die geeignete Behandlungsanlagen noch nicht existieren oder die trotz vorgelagerter Behandlungsschritte in einen für die obertägige Deponierung nicht endlagerungsfähigen Zustand gebracht werden können. In Österreich existiert derzeit keine Untertagedeponie, ein Genehmigungsverfahren ist anhängig. Einzelne Abfälle werden derzeit in die Bundesrepublik Deutschland in dem Stand der Technik entsprechende Anlagen exportiert.

Entsprechend den Vorgaben der Deponieverordnung sind gefährliche Abfälle durch vorgelagerte Behandlungsschritte in einen ablagerungsfähigen Zustand zu bringen. Insgesamt ist für die Ablagerung von knapp 400.000 t/a an Reststoffen aus der Verwertung und Behandlung von gefährlichen Abfällen vorzusorgen. Es ist davon auszugehen, daß die bestehenden Kapazitäten für Massenabfalldeponien bzw. Reststoffdeponien zur Aufnahme dieser Reststoffe ausreichen.

Eines der Ziele einer geordneten Abfallwirtschaft ist die Entsorgung der Abfälle im eigenen Land. Für bestimmte Abfallarten kann es aber durchaus zielführend sein, sie im Ausland einer in Österreich aus wirtschaftlichen Gründen nicht umsetzbaren Verwertung oder Behandlung zuzuführen. Im Gegenzug muß es auch möglich sein, gefährliche Abfälle mit derselben Begründung zu importieren.

7 LITERATUR

ALFONS, G., et al. (1995): Grundlagen für eine technische Anleitung zur thermischen Behandlung von Abfällen. Umweltbundesamt, Wien. Reports; UBA-95-112.

BERGERT, A.; DEIER, P.; LEILER, W.; MOSTBAUER, P.; REITER, B. & WÖGINGER H. (1997): Grundlagen für eine technische Anleitung zur chemisch-physikalischen Behandlung von Abfällen. Umweltbundesamt, Wien. Reports; R-138.

DREIER, P., et al. (1997): Gefährliche Abfälle und Altöle, 2. Zwischenbericht zum Bundes-Abfallwirtschaftsplan 1998. Umweltbundesamt, Klagenfurt. UBA-IB-565.

DREIER, P.; KRAMMER, H. J.; LASSNIG, D. & PERZ, K. (1995): Beitrag von Industrie und Gewerbe zur thermischen Abfallbehandlung. Umweltbundesamt, Klagenfurt. UBA-IB-510.

DREIER, P. & PERZ, K. (1997): Analyse von Massenangaben zu ausgewählten gefährlichen Abfällen. Umweltbundesamt, Klagenfurt. UBA-IB-549.

ECOTEC (1997): Umsetzung von Vermeidungs- und Verwertungspotentialen auf der Basis von Branchenkonzepten. Studie im Auftrag des Bundesministeriums für Umwelt, Jugend und Familie, Wien.

GERLING CONSULT GRUPPE (1996): Anlagenbedarf zur thermischen Behandlung und Verwertung von Abfällen. Bundesministerium für Umwelt, Jugend und Familie, Wien. Schriftenreihe der Sektion III; Band 28.

KANZIAN, R. & SALHOFER, S. (1993): Beurteilung betrieblicher Abfallwirtschaftskonzepte. Bundesministerium für Umwelt, Jugend und Familie, Wien. Schriftenreihe des BMUJF; Band 8/1993.

N.N. (1997): Richtlinie zur Sammlung und Behandlung von Elektro- und Elektronikgeräten. Bundesministerium für Umwelt, Jugend und Familie, Wien.

SALHOFER, S. & GABRIEL, R. (1997): Evaluierung von Systemvarianten für die Sammlung und Verwertung von Elektroaltgeräten. Bundesministerium für Umwelt, Jugend und Familie, Wien. Schriftenreihe des BMUJF; Band 24/1997.

SALHOFER, S. & GABRIEL, R. (1996): Pilotsammlung von Elektroaltgeräten in Bregenz – Wissenschaftliche Begleitstudie. Bundesministerium für Umwelt, Jugend und Familie, Wien. Schriftenreihe der Sektion III; Band 29.

STRIEDNER, J., et al. (1997): Vermeidung und Verwertung, 2. Zwischenbericht zum Bundes-Abfallwirtschaftsplan 1998. Umweltbundesamt, Klagenfurt. UBA-IB-570.

WEISSENBACH, T.; ANTONY, G.; NELLES M.; LORBER, K.; HÜBNER, C.; WURST, F. & SCHINDLBAUER H. (1998): Branchenkonzept Altöle und Altschmierstoffe. Bundesministerium für Umwelt, Jugend und Familie, Wien. Schriftenreihe des BMUJF; Band 2/1998.

WOLF, P.; HEITZINGER, H. P. & SCHNITZER, H. (1996): Handbuch zur Erstellung von Abfallwirtschaftskonzepten für KFZ-Betriebe. Bundesministerium für Umwelt, Jugend und Familie, Wien. Schriftenreihe der Sektion III; Band 32.

ANHANG I

Primärabfälle 1994 - 1996 (Einstufung gefährlicher Abfälle gemäß Festsetzungsverordnung 1991) geordnet nach

- Abfallgruppen
- Abfalluntergruppen
- Abfallschlüsselnummern

Primärabfälle 1994 - 1996 geordnet nach Abfallgruppen (Angaben in Tonnen)

Lfd. Nr.	Gr	Abfallgruppenbezeichnungen gemäß ÖNORM S 2100 (1990)	Primärabfälle		
			1994	1995	1996
1	11	NAHRUNGS- UND GENUSSMITTELABFÄLLE	4	6	17
2	12	ABFÄLLE PFLANZLICHER UND TIERISCHER FETTERZEUGNISSE	18.706	19.535	20.633
3	13	ABFÄLLE AUS DER TIERHALTUNG UND SCHLACHTUNG	0	,	0
4	17	HOLZABFÄLLE	29	687	3.059
5	18	ZELLULOSE-, PAPIER- UND PAPPEABFÄLLE	59	116	133
6	31	ABFÄLLE MINERALISCHEN URSPRUNGS (OHNE METALLABFÄLLE)	220.019	264.056	273.169
7	35	METALLABFÄLLE	69.122	71.036	71.572
8	39	ANDERE ABFÄLLE MINERALISCHEN URSPRUNGS SOWIE ABFÄLLE VON VEREDELUNGSPRODUKTEN	1	0	0
9	51	OXIDE, HYDROXIDE, SALZABFÄLLE	3.823	5.517	9.997
10	52	ABFÄLLE VON SÄUREN, LAUGEN, KONZENTRATEN	13.931	17.142	21.069
11	53	ABFÄLLE VON PFLANZENBEHANDLUNGS- UND SCHÄDLINGSBEKÄMPFUNGSMITTELN SOWIE VON PHARMAZEUTISCHEN ERZEUGNISSEN UND DESINFEKTIONSMITTELN	1.648	1.487	1.735
12	54	ABFÄLLE VON MINERALÖL- UND KOHLEVEREDELUNGSPRODUKTEN	128.403	135.932	142.175
13	55	ABFÄLLE VON ORGANISCHEN LÖSEMITTELN, FARBEN, LACKEN, KLEBSTOFFEN, KITTEN UND HARZEN	33.042	34.622	35.407
14	57	KUNSTSTOFF-UND GUMMIABFÄLLE	2.312	3.771	5.878
15	58	TEXTILABFÄLLE (NATUR- UND CHEMIEFASERPRODUKTE)	324	347	322
16	59	ANDERE ABFÄLLE CHEMISCHER UMWANDLUNGS- UND SYNTHESEPRODUKTE	3.178	3.080	3.492
17	94	ABFÄLLE AUS WASSERAUFBEREITUNG, ABWASSERBEHANDLUNG UND GEWÄSSERNUTZUNG	44	254	551
18	95	FLÜSSIGE ABFÄLLE AUS ABFALLBEHANDLUNGSANLAGEN	119	985	201
19	97	ABFÄLLE AUS DEM MEDIZINISCHEN BEREICH	3.091	3.072	3.007
		Zwischensummen gemäß FestsetzungsVO 1991	**497.854**	**561.647**	**592.418**
		SONSTIGE MIT BEGLEITSCHEINEN GEMELDETE ABFALLMASSEN	15.340	15.219	13.399
		Summen	**513.194**	**576.866**	**605.817**

Quelle: Abfalldatenverbund (Datenstand: 11.8.1997)

Primärabfälle 1994 - 1996 geordnet nach Abfalluntergruppen (Angaben in Tonnen)

Lfd. Nr.	UGR	Abfalluntergruppenbezeichnungen gemäß ÖNORM S 2100 (1990)	Primärabfälle		
			1994	1995	1996
1	114	ABFÄLLE AUS DER GENUSSMITTELPRODUKTION	4	6	17
2	121	ABFÄLLE AUS DER PRODUKTION PFLANZLICHER UND TIERISCHER ÖLE	1	3	20
3	123	ABFÄLLE AUS DER PRODUKTION PFLANZLICHER UND TIERISCHER FETTE UND WACHSE	9.154	10.018	8.978
4	125	EMULSIONEN UND GEMISCHE MIT PFLANZLICHEN UND TIERISCHEN FETTPRODUKTEN	9.546	9.514	11.628
5	126	PRODUKTE AUS PFLANZENÖLEN	3	1	8
6	137	TIERISCHE FÄKALIEN	0	,	0
7	172	HOLZABFÄLLE AUS DER ANWENDUNG	29	687	3.059
8	187	PAPIER- UND PAPPEABFÄLLE	59	116	133
9	311	OFENAUSBRÜCHE, HÜTTEN- UND GIESSEREISCHUTT	0	8.869	8.858
10	312	METALLURGISCHE SCHLACKEN, KRÄTZEN, STÄUBE	22.175	33.107	54.459
11	313	ASCHEN, SCHLACKEN UND STÄUBE AUS DER THERMISCHEN ABFALLBEHANDLUNG UND AUS FEUERUNGSANLAGEN	156.760	150.160	139.588
12	314	SONSTIGE FESTE MINERALISCHE ABFÄLLE	40.557	70.962	69.737
13	316	MINERALISCHE SCHLÄMME	527	958	526
14	351	EISEN- UND STAHLABFÄLLE	53.642	53.516	52.596
15	353	NE-METALLABFÄLLE	14.931	17.016	18.466
16	355	METALLSCHLÄMME	549	504	510
17	399	ANDERE ABFÄLLE MINERALISCHEN URSPRUNGS SOWIE ABFÄLLE VON VEREDELUNGSPRODUKTEN	1	0	0
18	511	GALVANIKSCHLÄMME	3.053	4.134	4.335
19	515	SALZABFÄLLE	770	1.383	5.663
20	521	SÄUREN, ANORGANISCH	4.678	5.352	5.099
21	522	SÄUREN, ORGANISCH	10	55	149
22	524	LAUGEN	2.772	2.938	4.364
23	527	KONZENTRATE	6.471	8.796	11.457
24	531	ABFÄLLE VON PFLANZENBEHANDLUNGS- UND SCHÄDLINGSBEKÄMPFUNGSMITTELN	687	373	553
25	533	ABFÄLLE VON KÖRPERPFLEGEMITTELN	25	8	9
26	535	ABFÄLLE VON ARZNEIMITTELERZEUGNISSEN	937	1.106	1.172
27	541	ABFÄLLE VON MINERALÖLEN UND SYNTHETISCHEN ÖLEN	39.994	39.850	38.201
28	542	ABFÄLLE VON FETTEN UND WACHSEN AUS MINERALÖL	608	518	773
29	544	ABFÄLLE VON EMULSIONEN UND GEMISCHEN VON MINERALÖLPRODUKTEN	32.567	36.404	36.934
30	545	RÜCKSTÄNDE AUS DER ERDÖLFÖRDERUNG	1.836	4.044	6.812
31	547	MINERALÖLSCHLÄMME	35.291	34.041	37.106
32	548	RÜCKSTÄNDE AUS MINERALÖLRAFFINERIEN	233	46	239
33	549	SONSTIGE ABFÄLLE VON MINERALÖLPRODUKTEN UND AUS DER ERDÖLVERARBEITUNG UND KOHLEVEREDELUNG	17.874	21.029	22.109
34	552	ABFÄLLE VON HALOGENHALTIGEN ORGANISCHEN LÖSEMITTELN UND LÖSEMITTELGEMISCHEN UND ANDEREN HALOGENIERTEN FLÜSSIGKEITEN (PCB-frei, PCT-frei)	7.019	7.353	7.725
35	553	ABFÄLLE VON HALOGENFREIEN ORGANISCHEN LÖSEMITTELN UND LÖSEMITTELGEMISCHEN	8.761	9.200	10.130
36	554	LÖSEMITTELHALTIGE SCHLÄMME; BETRIEBSMITTEL UND WÄSSRIGE GEMISCHE	1.540	1.430	1.430
37	555	ABFÄLLE VON FARBMITTELN UND ANSTRICHMITTELN	15.177	15.681	14.972
38	559	ABFÄLLE VON KLEBSTOFFEN, KITTEN, NICHTAUSGEHÄRTETEN HARZEN	544	958	1.151
39	571	AUSGEHÄRTETE KUNSTSTOFFABFÄLLE	1.850	3.247	5.417
40	572	ABFÄLLE VON NICHT AUSGEHÄRTETEN KUNSTSTOFFABFÄLLEN, -FORMMASSEN UND -KOMPONENTEN	280	303	194
41	573	KUNSTSTOFFSCHLÄMME UND -EMULSIONEN	181	221	267
42	577	GUMMISCHLÄMME UND -EMULSIONEN	0	0	0
43	581	TEXTILABFÄLLE UND SCHLÄMME	68	42	28
44	582	TEXTILIEN, VERUNREINIGT	256	305	294
45	591	ABFÄLLE VON EXPLOSIVSTOFFEN	1	1	1
46	593	LABORABFÄLLE UND CHEMIKALIENRESTE	2.413	2.300	2.495
47	594	DETERGENTIEN- UND WASCHMITTELABFÄLLE	371	318	475

Primärabfälle 1994 - 1996 geordnet nach Abfalluntergruppen (Angaben in Tonnen)

Lfd. Nr.	UGR	Abfalluntergruppenbezeichnungen gemäß ÖNORM S 2100 (1990)	Primärabfälle		
			1994	1995	1996
48	595	KATALYSATOREN	38	85	196
49	598	ABFÄLLE VON GEFASSTEN GASEN	352	368	309
50	599	SONSTIGE ABFÄLLE AUS UMWANDLUNGSPROZESSEN UND SYNTHESEPROZESSEN	2	7	15
51	947	RÜCKSTÄNDE AUS DER KANALISATION UND ABWASSERBEHANDLUNG (AUSGENOMMEN SCHLÄMME)	44	254	551
52	953	DEPONIESICKERWASSER	119	985	201
53	971	ABFÄLLE AUS DEM MEDIZINISCHEN BEREICH	3.091	3.072	3.007
		Zwischensummen gemäß FestsetzungsVO 1991	**497.854**	**561.647**	**592.418**
		SONSTIGE MIT BEGLEITSCHEIN GEMELDETE ABFALLMASSEN	15.340	15.219	13.399
		Summen	**513.194**	**576.866**	**605.817**

Quelle: Abfalldatenverbund (Datenstand: 11.8.1997)

Primärabfälle 1994 - 1996 (Angaben in Tonnen)

Lfd.	SN	Abfallbezeichnungen gemäß ÖNORMEN S 2100 (90) und S 2101 (83)	Primärabfälle 1994	1995	1996
1	11421	Spül- und Waschwasser mit schädlichen Verunreinigungen, organisch belastet	4	6	17
2	12102	verdorbene Pflanzenöle	1	3	20
3	12302	Fette (z.B. Fritieröle)	9.092	9.995	8.901
4	12303	Ziehmittelrückstände	11	2	63
5	12304	Fettsäurerückstände	51	20	13
6	12501	Inhalt von Fettabscheidern	9.527	9.511	11.615
7	12503	Öl-, Fett- und Wachsemulsionen	20	3	13
8	12601	Schmier- und Hydrauliköle, mineralölfrei	3	1	8
9	13401	Versuchstiere	,	,	0
10	13705	Mist, infektiös	,	,	0
11	13706	Kot, infektiös	,	,	0
12	13707	Gülle, infektiös	0	,	0
13	17208	Holz (z.B. Pfähle und Masten), salzimprägniert	,	,	13
14	17211	Sägemehl und -späne, durch organische Chemikalien (z.B. Mineralöle, Lösemittel, Lacke, organische Beschichtungen) verunreinigt	3	5	51
15	17212	Sägemehl und -späne, durch anorganische Chemikalien (z.B. Säuren, Laugen, Salze) verunreinigt	1	0	0
16	17213	Holzemballagen, Holzabfälle und Holzwolle, durch organische Chemikalien (z.B. Mineralöle, Lösemittel, Lacke, organische Beschichtungen) verunreinigt	25	682	2.994
17	17214	Holzemballagen, Holzabfälle und Holzwolle, durch anorganische Chemikalien (z.B. Säuren, Laugen, Salze) verunreinigt	,	1	1
18	18709	Papierfilter, ölgetränkt	1	7	0
19	18710	Papierfilter mit schädlichen Verunreinigungen, vorwiegend organisch	16	7	13
20	18711	Papierfilter mit schädlichen Verunreinigungen, vorwiegend anorganisch	0	2	0
21	18712	Zellstofftücher mit schädlichen Verunreinigungen, vorwiegend organisch	9	17	42
22	18713	Zellstofftücher mit schädlichen Verunreinigungen, vorwiegend anorganisch	0	0	4
23	18714	Verpackungsmaterial mit schädlichen Verunreinigungen oder Restinhalten, vorwiegend organisch	18	62	66
24	18715	Verpackungsmaterial mit schädlichen Verunreinigungen oder Restinhalten, vorwiegend anorganisch	14	21	8
25	31108	Ofenausbruch aus metallurgischen Prozessen mit produktionsspezifisch schädlichen Beimengungen	,	8.867	8.855
26	31109	Ofenausbruch aus nichtmetallurgischen Prozessen mit produktionsspezifisch schädlichen Beimengungen	0	0	3
27	31110	Ofenausbrüche aus metallurgischen und nicht metallurgischen Prozessen, soferne sie arsen-, blei-, cadmium-, cyanid-, quecksilber-, chrom-(VI)-haltig sind	,	2	0
28	31204	Bleikrätze	28	171	221
29	31205	Leichtmetallkrätzen, aluminiumhaltig	128	47	20.977
30	31206	Leichtmetallkrätzen, magnesiumhaltig	,	,	0
31	31207	Schlacken aus Schmelzelektrolysen	,	,	0
32	31211	Salzschlacken, aluminiumhaltig	15.609	26.000	22.703
33	31212	Salzschlacken, magnesiumhaltig	,	,	0
34	31214	Bleiaschen	186	197	117
35	31223	Stäube (Aschen) aus Schmelzprozessen, soferne sie arsen-, blei-, cadmium-, cyanid-, quecksilber-, chrom-(VI)-haltig sind	6.225	6.692	10.441
36	31308	Schlacken und Aschen aus Abfallverbrennungsanlagen	117.290	120.699	112.526
37	31309	Flugaschen und -stäube aus Abfallverbrennungsanlagen	4.940	6.739	7.621
38	31310	Schlacken und Aschen aus Sonderabfallverbrennungsanlagen, soferne sie andere überwachungsbedürftige Sonderabfälle enthalten	15.706	5.328	258
39	31311	Flugaschen und Flugstäube aus Sonderabfallverbrennungsanlagen, soferne sie andere überwachungsbedürftige Sonderabfälle enthalten	17.948	16.166	17.936
40	31312	feste salzhaltige Rückstände aus der Rauchgasreinigung von Abfallverbrennungsanlagen und Abfallpyrolyseanlagen	829	1.150	1.199
41	31314	feste salzhaltige Rückstände aus der Rauchgasreinigung von Feuerungsanlagen für konventionelle Brennstoffe (ohne Rea-Gipse)	17	7	0
42	31316	Schlacken und Aschen aus Abfallpyrolyseanlagen	29	70	48
43	31423	ölverunreinigte Böden	30.920	45.027	49.927
44	31424	sonstige verunreinigte Böden	6.839	21.742	10.417
45	31433	Glas und Keramik mit produktionsspezifischen Beimengungen (z.B. Lampen, Bildröhren)	689	1.821	2.665

Primärabfälle 1994 - 1996 (Angaben in Tonnen)

Lfd.	SN	Abfallbezeichnungen gemäß ÖNORMEN S 2100 (90) und S 2101 (83)	Primärabfälle		
			1994	1995	1996
46	31434	verbrauchte Filter- und Aufsaugmassen, soferne sie mit anderen überwachungsbedürftigen Sonderabfällen belastet sind.	805	470	366
47	31435	verbrauchte Filter- und Aufsaugmassen mit anwendungsspezifischen schädlichen Beimengungen (z.B. Kieselgur, Aktiverden, Aktivkohle)	103	180	159
48	31437	Asbestabfälle, Asbeststäube	887	435	329
49	31440	Strahlmittelrückstände mit anwendungsspezifischen schädlichen Beimengungen	4	7	41
50	31441	chemisch verunreinigter Bauschutt	299	1.268	5.813
51	31445	Gipsabfälle mit produktionsspezifischen schädlichen Beimengungen	,	,	8
52	31446	Kieselsäure- und Quarzabfälle mit produktionsspezifischen Beimengungen, vorwiegend organisch	,	0	2
53	31447	Kieselsäure- und Quarzabfälle mit produktionsspezifischen Beimengungen, vorwiegend anorganisch	10	12	10
54	31620	Gipsschlamm mit produktionsspezifischen schädlichen Beimengungen	,	,	0
55	31621	Kalkschlamm mit produktionsspezifischen schädlichen Beimengungen	1	7	2
56	31628	Härtereischlamm, cyanidhaltig	,	31	3
57	31629	Härtereischlamm, nitrat-, nitrithaltig	6	4	14
58	31630	bariumhaltige Schlämme (ausgenommen Bariumsulfat)	,	0	0
59	31632	Bariumsulfatschlamm, quecksilberhaltig	1	3	0
60	31633	Glasschleifschlamm mit produktionsspezifischen schädlichen Beimengungen	17	12	44
61	31636	Bohrschlamm, verunreinigt	5	20	0
62	31639	sonstige Schlämme aus Fäll- und Löseprozessen mit produktionsspezifischen schädlichen Beimengungen	485	853	356
63	31660	Schlamm aus der Gas- und Abgasreinigung	11	29	108
64	35103	Eisen- und Stahlabfälle, verunreinigt	50.925	51.443	50.372
65	35106	Eisenmetallemballagen und -behältnisse mit gefährlichen Restinhalten	2.716	2.068	2.223
66	35107	KFZ-Katalysatoren	1	4	1
67	35302	Blei (Bleistäube -> SN 31217 zuordnen)	1.868	2.400	1.884
68	35307	Berylliumspäne	,	,	0
69	35321	sonstige NE-metallhaltige Stäube	107	419	282
70	35322	Bleiakkumulatoren	10.354	11.822	13.629
71	35323	Nickel-Cadmium-Akkumulatoren	126	162	173
72	35324	Quecksilberbatterien	25	22	30
73	35325	Trockenbatterien, quecksilber- und silberhaltig	284	208	158
74	35326	Quecksilber, quecksilberhaltige Rückstände	1.007	1.020	944
75	35327	NE-Metallemballagen und -behältnisse mit gefährlichen Restinhalten	185	66	235
76	35330	Cadmium und cadmiumhaltige Abfälle	0	45	0
77	35331	Nickel und nickelhaltige Abfälle (Nickelstäube sind der SN 31223 zuzuordnen)	120	74	82
78	35335	Zink-Kohle-Batterien	850	775	1.046
79	35336	Alkali-Mangan-Batterien	4	4	3
80	35503	Bleischlamm	549	504	510
81	39903	Steinsalzrückstände	,	,	0
82	39909	sonstige feste Abfälle mineralischen Ursprungs mit produktionsspezifischen oder anwendungsspezifischen schädlichen Beimengungen	1	0	0
83	511	GALVANIKSCHLÄMME	,	,	0
84	51101	cyanidhaltiger Galvanikschlamm	92	71	24
85	51102	chrom(VI)haltiger Galvanikschlamm	55	29	13
86	51103	chrom(III)haltiger Galvanikschlamm	778	660	424
87	51104	kupferhaltiger Galvanikschlamm	617	761	844
88	51105	zinkhaltiger Galvanikschlamm	942	1.172	1.051
89	51106	cadmiumhaltiger Galvanikschlamm	10	0	1
90	51107	nickelhaltiger Galvanikschlamm	326	1.214	1.401
91	51108	kobalthaltiger Galvanikschlamm	,	1	1
92	51110	edelmetallhaltiger Galvanikschlamm	,	1	0
93	51112	sonstige Galvanikschlämme	234	226	575
94	51504	Imprägniersalzabfälle	7	9	14
95	51505	Lederchemikalien, (z.B. Lösemittel, Weichmacher), Gerbstoffe	2	,	4
96	51509	Salmiak (Ammonchlorid)	1	0	1
97	51511	Salzbadabfälle	87	26	15

Primärabfälle 1994 - 1996 (Angaben in Tonnen)

Lfd.	SN	Abfallbezeichnungen gemäß ÖNORMEN S 2100 (90) und S 2101 (83)	Primärabfälle		
			1994	1995	1996
98	51512	Ammoniumhydrogenfluorid	1	10	16
99	51513	Arsenkalk	,	,	0
100	51514	Arsentrisulfid	,	,	22
101	51516	Brüniersalzabfälle	40	33	26
102	51517	Natriumsulfat (Glaubersalz)	0	0	0
103	51518	Natriumbromid	,	0	0
104	51521	Bleisulfat	292	380	528
105	51524	Bleisalze (wasserlöslich)	11	65	1.778
106	51525	Bariumsalze (wasserlöslich)	71	52	50
107	51530	Kupferchlorid	2	418	2.520
108	51533	Härtesalz, cyanidhaltig	108	50	37
109	51534	Härtesalz, nitrat-, nitrithaltig u.a.	108	72	99
110	51539	Härtesalz, bariumhaltig	1	31	52
111	51540	sonstige Salze, leicht löslich	9	8	8
112	51543	gebrauchte ammoniakalische Kupferätzlösungen	24	29	0
113	51550	Kupfersalze, wasserlöslich (ausgenommen Kupferchlorid)	6	200	494
114	52101	Akku-Säuren	302	169	224
115	52102	Säuren, Säuregemische mit verwendungsspezifischen Beimengungen (z.B. Beizen, Ionenaustauschereluate), soferne sie eine pH-Wert < 1 (für Mineralsäuren) bzw. einen pH-Wert < 3 (für organische Säuren) haben oder toxisch sind	2.483	4.643	4.163
116	52103	Säuren, Säuregemische mit anwendungsspezifischen Beimengungen (z.B. Beizen, Ionenaustauschereluate)	1.827	490	679
117	52105	Chromschwefelsäure	66	50	33
118	52201	organische Säuren und Säuregemische, halogeniert	3	0	2
119	52202	organische Säuren und Säuregemische, nicht halogeniert	6	55	148
120	52404	Laugen und Laugengemische mit verwendungsspezifischen Beimengungen (z.B. Beizen, Ionenaustauschereluate, Entfettungsbäder) soferne sie einen ph-Wert > 11 haben oder toxisch sind	2.772	2.938	4.364
121	52707	Fixierbäder	202	460	940
122	52711	Bäder, sulfidhaltig	2	1	1
123	52712	Konzentrate, chrom-(VI)-haltig	106	279	373
124	52713	Konzentrate, cyanidhaltig	89	42	154
125	52714	Spül- und Waschwässer, cyanidhaltig	83	100	149
126	52715	Bleichbäder	,	2	6
127	52716	Konzentrate, metallsalzhaltig	1.224	2.130	4.761
128	52718	Bleichereiablauge, chlorhaltig	,	0	0
129	52722	Spül- und Waschwässer, metallsalzhaltig	238	189	287
130	52723	Entwicklerbäder	3.905	4.169	3.963
131	52724	Kühlmittellösungen	45	97	42
132	52725	sonstige wäßrige Konzentrate	574	192	290
133	52740	Kupfersalzlösung	4	1.136	490
134	53103	Altbestände von Pflanzenbehandlungs- und Schädlingsbekämpfungsmitteln	108	106	141
135	53104	Produktionsabfälle von Pflanzenbehandlungs- und Schädlingsbekämpfungsmitteln (vorwiegend Filterrückstände, gebrauchte Aktivkohle und verunreinigte Lösemittel)	579	266	413
136	53301	überlagerte Körperpflegemittel	25	8	9
137	53501	Altmedikamente (z.B. mit abgelaufenem Datum)	701	810	791
138	53502	Produktionsabfälle von pharmazeutischen Erzeugnissen (vorwiegend Filterrückstände, gebrauchte Aktivkohle und verunreinigte Lösemittel)	156	215	316
139	53507	Desinfektionsmittel	31	20	11
140	53510	Arzneimittel, wassergefährdend, schwermetallhaltig (z.B. Blei, Cadmium, Zink, Quecksilber, Selen) und Zytostatica	49	62	54
141	54101	Öle, säurehaltig	18	2	4
142	54102	Altöle	38.165	37.553	36.277
143	54103	Motor- und Getriebeöle	12	9	17
144	54104	Kraftstoffe	249	209	195
145	54106	Trafoöle, Wärmeträgeröle, chlorfrei	417	545	409
146	54107	Trafofüllungen,Wärmeträgeröle, Spülöle, chlorhaltig	11	29	27
147	54108	Heizöle	515	955	577
148	54109	Bohr-, Schleif- und Schneidöle	106	100	136

Primärabfälle 1994 - 1996 (Angaben in Tonnen)

Lfd.	SN	Abfallbezeichnungen gemäß ÖNORMEN S 2100 (90) und S 2101 (83)	Primärabfälle		
			1994	1995	1996
149	54110	PCB-haltige und PCT-haltige elektrische Betriebsmittel	132	150	192
150	54111	sonstige PCB-haltige und PCT-haltige Abfälle	3	2	10
151	54116	Maschinenöle	7	30	1
152	54117	Turbinenöle	2	28	43
153	54118	Hydrauliköle, halogenfrei	11	22	48
154	54119	Hydrauliköle, halogenhaltig	0	4	1
155	54120	Bremsflüssigkeit	346	211	264
156	54121	Spezial-Industriegetriebeöl	0	,	0
157	54201	Ölgatsch	303	364	590
158	54202	Fette	273	131	156
159	54204	Fettsäurerückstände	2	3	4
160	54206	Metallseifen	0	5	9
161	54207	Wachse	30	16	13
162	54401	synthetische Kühl- und Schmiermittel	244	435	354
163	54402	Bohr- und Schleifölemulsionen und Emulsionsgemische	13.807	15.649	15.871
164	54408	Öl-Wassergemische	18.516	20.320	20.709
165	54502	Bohrspülung und Bohrklein, rohölkontaminiert	0	0	1
166	54503	rohölhaltiger Schlamm	0	0	5
167	54504	rohölverunreinigtes Erdreich, Aushub und Abbruchmaterial	1.713	4.000	6.742
168	54505	sonstige rohölverunreinigte Rückstände aus der Erdölförderung	122	43	65
169	54701	Sandfanginhalte, öl- oder kaltreinigerhaltig	3.354	4.358	6.616
170	54702	Ölabscheiderinhalte (Benzinabscheiderinhalte)	23.466	21.914	22.492
171	54703	Schlamm aus Öltrennanlagen	549	772	1.001
172	54704	Schlamm aus der Tankreinigung und Faßwäsche	5.316	3.840	3.217
173	54706	Paraffinölschlamm	21	10	29
174	54710	Schleifschlamm, ölhaltig	2.487	3.038	3.381
175	54715	Schlamm aus der Behälterreinigung (z.B. aus Fässern, Containern, Tankwagen, Kesselwagen)	98	108	370
176	54801	Bleicherde, mineralölhaltig	105	25	91
177	54802	Säureharz und Säureteer	127	0	119
178	54803	Schlämme aus Mineralölraffination	0	0	0
179	54806	Säureharz-, Aufbereitungsrückstände	,	,	0
180	54807	Abfallsäure, mineralölhaltig	,	13	29
181	54810	Abfallauge, mineralölhaltig	1	8	0
182	54903	phenolhaltiger Schlamm	12	47	76
183	54904	mercaptanhaltiger Schlamm	77	2	1
184	54905	feste Anthracenrückstände	0	0	0
185	54907	feste phenolhaltige Rückstände	67	27	7
186	54913	Teerrückstände	577	846	789
187	54915	Destillationsrückstände aus der Teerproduktion	,	2	1
188	54917	festes Dichtungsmaterial und Unterbodenschutzabfälle	4	4	175
189	54918	Phenolwasser	103	201	423
190	54923	cyanidhaltiger Schlamm	4	8	3
191	54926	gebrauchte Ölbindematerialien	794	715	4.688
192	54927	ölverunreinigte Putzlappen	771	649	636
193	54928	gebrauchte Öl- und Luftfilter (mineralölhaltig)	9.050	5.835	5.211
194	54929	gebrauchte Ölgebinde	179	137	176
195	54930	feste fett- und ölverschmutzte Betriebsmittel (Werkstätten-, Industrie- und Tankstellenabfälle)	6.235	12.554	9.923
196	54932	Kältemittel auf Mineralölbasis	1	1	1
197	55201	Ethylenchlorid	1	0	0
198	55202	Chlorbenzole	0	0	2
199	55203	Chloroform	2	1	0
200	55205	fluorkohlenwasserstoffhaltige Kälte-, Treib- und Lösemittel	4.841	5.415	5.976
201	55206	Methylenchlorid	166	32	68
202	55207	Chlorphenole	,	0	0
203	55208	anchlorierte Paraffine	1	2	0
204	55209	Perchlorethylen (Per)	303	262	238
205	55210	Weichmacher, halogenfrei	37	13	0
206	55211	Tetrachlorkohlenstoff (Tetra)	1	0	0
207	55212	Trichlorethan	107	30	6

Primärabfälle 1994 - 1996 (Angaben in Tonnen)

Lfd.	SN	Abfallbezeichnungen gemäß ÖNORMEN S 2100 (90) und S 2101 (83)	Primärabfälle		
			1994	1995	1996
208	55213	Trichlorethylen (Tri)	89	55	44
209	55214	Kaltreiniger, halogenhaltig	8	2	1
210	55220	Lösemittelgemische, halogenhaltig	1.403	1.464	1.304
211	55223	sonstige halogenierte Lösemittel	3	10	3
212	55224	Lösemittel-Wasser-Gemische mit halogenierten Lösemitteln	58	66	82
213	55301	Aceton	90	71	136
214	55302	Ethylacetat	8	2	1
215	55303	Ethylenglykol	17	66	45
216	55304	Ethylglykol	10	4	8
217	55305	Ethylphenol	1	2	0
218	55306	Benzol	1	0	0
219	55307	Butylacetat	3	4	11
220	55308	Cyclohexanon	,	,	0
221	55309	Dekahydronaphthalin (Dekalin)	,	,	0
222	55310	Diethylether	0	0	1
223	55311	Dimethylformamid	1	13	43
224	55312	Dimethylsulfid	,	,	0
225	55313	Dimethylsulfoxid	0	0	0
226	55314	Dioxan	,	2	0
227	55315	Methanol	56	14	65
228	55316	Methylacetat	0	0	0
229	55317	Methylethylketon	20	14	5
230	55318	Methylisobutylketon	2	0	0
231	55320	Pyridin	0	1	5
232	55321	Schwefelkohlenstoff	0	0	0
233	55322	Tetrahydrofuran	1	,	3
234	55323	Tetrahydronaphthalin (Tetralin)	,	,	0
235	55324	Terpentinöl	1	0	3
236	55325	Toluol	6	5	6
237	55326	Waschbenzin, Petrolether, Ligroin	128	123	122
238	55327	Xylol	9	4	9
239	55351	Ethanol	19	73	18
240	55352	aliphatische Amine	34	47	35
241	55353	aromatische Amine	0	11	1
242	55354	Butanol	2	13	24
243	55355	Glycerin	3	1	2
244	55356	Glykolether	23	57	62
245	55357	Kaltreiniger, halogenfrei	63	33	38
246	55358	Kresole (Methylphenole)	2	,	3
247	55359	Nitroverdünnungen	716	684	626
248	55360	Petroleum	138	90	126
249	55361	Polyetheralkohole, wasserlöslich	3	17	38
250	55362	Propanol	3	4	8
251	55370	Lösemittelgemische, halogenfrei	6.572	6.478	6.270
252	55371	Kältemittel ohne halogenierte organische Bestandteile	2	4	0
253	55373	sonstige nicht halogenierte organische Lösemittel	90	78	90
254	55374	Lösemittel-Wasser-Gemische ohne halogenierte Lösemittel	737	1.285	2.323
255	55401	lösemittelhaltige Schlämme, halogenhaltig	575	543	572
256	55402	lösemittelhaltige Schlämme, halogenfrei	842	640	442
257	55403	lösemittelhaltige Betriebsmittel mit halogenierten organischen Bestandteilen	12	7	62
258	55404	lösemittelhaltige Betriebsmittel ohne halogenierte organische Bestandteile	111	240	354
259	55502	Altlacke, Altfarben, soferne lösemittel- oder schwermetallhaltig; ausgenommen voll ausgehärtete Reste in geleerten Gebinden	5.344	5.653	5.723
260	55503	Lack- und Farbschlamm	5.831	5.541	5.296
261	55507	Farbstoffrückstände, soferne lösemittel- oder schwermetallhaltig, ausgenommen voll ausgehärtete Reste in geleerten Gebinden	568	690	683
262	55508	Anstrichmittel, soferne lösemittel- oder schwermetallhaltig, ausgenommen voll ausgehärtete Reste in geleerten Gebinden	623	515	176
263	55509	Druckfarbenreste, Kopiertoner	257	322	478

Primärabfälle 1994 - 1996 (Angaben in Tonnen)

Lfd.	SN	Abfallbezeichnungen gemäß ÖNORMEN S 2100 (90) und S 2101 (83)	Primärabfälle		
			1994	1995	1996
264	55510	sonstige farb-, lack- und anstrichhhaltige Abfälle	2.554	2.960	2.617
265	55904	Harzöl	18	2	0
266	55905	Leim- und Klebemittelabfälle, nicht ausgehärtet	510	925	1.113
267	55907	Kitt- und Spachtelabfälle, nicht ausgehärtet	16	32	37
268	57124	Ionenaustauscherharze	22	12	9
269	57125	Ionenaustauscherharze mit anwendungsspezifischen, schädlichen Beimengungen	7	13	6
270	57127	Kunststoffemballagen und -behältnisse mit schädlichen Restinhalten	1.822	3.222	5.402
271	57201	halogenhaltige Additive und Weichmacher	38	23	8
272	57202	Fabrikationsrückstände aus der Kunststoffherstellung und -verarbeitung	242	280	186
273	57305	Kunststoffschlämme, soferne sie überwachungsbedürftige Lösemittel enthalten	94	126	155
274	57306	Kunststoffschlämme, halogenhaltig	88	94	112
275	57706	Gummischlamm, lösemittelhaltig	0	0	0
276	58119	Filtertücher und -säcke, chemisch verunreinigt, soferne mit anderen überwachungsbedürftigen Sonderabfällen belastet	68	42	28
277	58201	Filtertücher, Filtersäcke mit anwendungsspezifischen schädlichen Beimengungen, vorwiegend organisch	159	194	228
278	58202	Filtertücher, Filtersäcke mit anwendungsspezifischen schädlichen Beimengungen, vorwiegend anorganisch	39	60	56
279	58203	textiles Verpackungsmaterial mit anwendungsspezifischen schädlichen Beimengungen, vorwiegend organisch	0	1	0
280	58204	textiles Verpackungsmaterial mit anwendungsspezifischen schädlichen Beimengungen vorwiegend anorganisch	0	0	0
281	58205	Polierwolle und Polierfilze mit anwendungsspezifischen schädlichen Verunreinigungen	58	51	11
282	59101	pyrotechnische Abfälle	0	0	0
283	59102	Sprengstoff- und Munitionsabfälle	0	,	0
284	59103	mehrfach nitrierte organische Chemikalien	1	1	0
285	59305	Laborabfälle und Chemikalienreste, soferne sie überwachungsbedürftige Sonderabfälle enthalten	2.413	2.300	2.495
286	59404	Sulfoseifen, Sulfosäuren	0	14	3
287	59405	Reinigungs- und Spezialwaschmittelabfälle, soferne es sich um industriell bzw. gewerblich eingesetzte Spezialreinigungsmittel handelt, oder wenn sie wassergefährdend, ätzend oder brennbar sind	371	304	473
288	59507	Katalysatoren, soferne sie toxisch, schwermetallhaltig, wassergefährdend, brennbar, explosiv und ätzend sind	38	85	196
289	59803	Druckgaspackungen (Spraydosen) mit mehr als 45 % Masseanteil an brennbarem Inhalt	266	299	258
290	59804	Druckgaspackungen (Spraydosen) mit weniger als 45 % Masseanteil an brennbarem Inhalt oder mit weniger als 250 g brennbaren Stoffen sowie mit chemisch instabilen Stoffen	86	70	52
291	59901	Polychlorierte Biphenyle und Terphenyle (PCB, PCT), ausgenommen Abfälle der Schlüssel-Nr. 54107	2	6	15
292	59904	organische Peroxide	,	0	0
293	94702	Rückstände aus der Kanalreinigung	44	254	551
294	95301	Sickerwasser aus Abfalldeponien	119	985	201
295	95403	Rückstände aus rauchgasseitigen Kesselreinigung	,	,	0
296	97101	Abfälle, die innerhalb und außerhalb des medizinischen Bereiches eine Gefahr darstellen können, z.B. infektiöser Abfall gemäß ÖNORM S 2104	3.090	3.071	3.006
297	97103	Körperteile und Organabfälle	1	1	1
		Zwischensummen gemäß FestsetzungsVO 1991	**497.854**	**561.647**	**592.418**
		Sonstige mit Begleitscheinen gemeldete Abfallmassen	15.340	15.219	13.399
		Summen	**513.194**	**576.866**	**605.817**

Quelle: Abfalldatenverbund (Datenstand: 11.8.1997)

ANHANG II

Verwertungs- und Behandlungsanlagen für gefährliche Abfälle

Dargestellt sind im Jahr 1997 in Betrieb befindliche

- chemisch-physikalische Behandlungsanlagen,
- thermische Verwertungs- und Behandlungsanlagen sowie
- spezielle Verwertungs- und Behandlungsanlagen.

Als Datengrundlage wurden Auswertungen aus der abfallwirtschaftlichen Anlagen- und Stoffdatenbank des Umweltbundesamtes verwendet (Datenstand Mai 1998).

CHEMISCH-PHYSIKALISCHE BEHANDLUNGSANLAGEN		
PLZ	**Standort**	**Betreiber**
für organische Abfälle		
7210	Mattersburg	Koller-Rubak
9711	Paternion	Peter Seppele GmbH
3500	Krems an der Donau	Entsorgungsservice Krems
4481	Asten	OÖ Landes-Abfallverwertungsunternehmen GmbH
4800	Attnang-Puchheim	Kröpfel GmbH
8010	Graz	Saubermacher Dienstleistungs AG
8230	Hartberg	Jagerhofer-Herbst GmbH
6421	Rietz	Höpperger GmbH & Co KG
6130	Schwaz	DAKA KG
6820	Frastanz	Ökotech Recycling GmbH
1110	Wien	Entsorgungsbetriebe Simmering GmbH & Co KG
für anorganische Abfälle		
9601	Arnoldstein	ABRG Asamer-Becker Recycling GmbH
2700	Wiener Neustadt	ASA Abfallservice Wr. Neustadt GmbH
6833	Klaus	BHS Entsorgung GmbH
1030	Wien	PORR Umwelttechnik AG
1220	Wien	Magistrat der Stadt Wien - MA 48
für organische und anorganische Abfälle		
7471	Rechnitz	Stipits Josef
4400	Steyr	Bachleitner GmbH
4600	Wels	UWEG - Umweltschutz- und Wertstoff-Recycling GmbH
4812	Pinsdorf	Vorwagner Johann
5101	Bergheim	SAB - Salzburger Abfallbeseitigung GmbH & Co KG
5600	Sankt Johann im Pongau	Höller Entsorgung GmbH
8402	Werndorf	Lobbe Entsorgung GmbH

8793	Trofaiach	Rumpold GmbH
6401	Inzing	Freudenthaler & Co GmbH Umwelttechnik KG
6800	Feldkirch	Böhler Abfall-Abluft-Abwasser-Umweltschutz GmbH
1110	Wien	ÖSTAB Abfallbeseitigungs GmbH & Co KG
1220	Wien	AVR - Abfallverwertungs- und Rohstoffgewinnungs GmbH

THERMISCHE VERWERTUNGS- UND BEHANDLUNGSANLAGEN		
PLZ	**Standort**	**Betreiber**
für gefährliche Abfälle		
1110	Wien	Entsorgungsbetriebe Simmering GmbH & Co KG
1110	Wien	ÖFWG
7400	Oberwart	Pall Ludwig GmbH
8120	Peggau	Wietersdorfer & Peggauer Zementwerke GmbH
8402	Werndorf	Lobbe Entsorgung GmbH
für nicht gefährliche Abfälle		
9545	Radenthein	Veitsch-Radex AG
9400	Wolfsberg	Patria Papier & Zellstoff AG
9373	Klein St. Paul	Wietersdorfer & Peggauer Zementwerke GmbH
9300	St. Veit/Glan	Funder Industrie GmbH
9135	Eisenkappel	Fernwärme Eisenkappel
9020	Klagenfurt	Steiner Bau GmbH
8600	Bruck/Mur	NORSKE KOG GmbH
8461	Retznei	Perlmoser Zementwerke AG
8101	Gratkorn	KNP-Leykam Zellstoff GmbH
6870	Reuthe	VKW AG-Holzbauwerke Kaufmann
6850	Dornbirn	ARA Region Dornbirn-Schwarzach GmbH
6830	Rankweil	Gewerbepark Rankweil GmbH
6682	Vils	Zementwerk Schretter & CIE
6342	Niederndorferberg	Zementwerk Lechner sen. u. jun. KG
4860	Lenzing	RVL Reststoffverwertung Lenzing GmbH (in Bau)
4663	Laakirchen	EEVG Entsorgungs- u. Energieverwertungs GmbH
4600	Wels	WAV Welser Abfallverwertung GmbH
2823	Pitten	W. Hamburger AG
2754	Waldegg	Zementwerk Schmied & Co
2452	Mannersdorf	Perlmoser Zementwerke AG

1230	Wien	Perlmoser Zementwerke AG
1160	Wien	MBG Müllverwertung-Betrieb GmbH (MVA Flötzersteig)
1110	Wien	Klärschlammverbrennung EbS
1090	Wien	Fernwärme Wien GmbH (MVA Spittelau)
für gefährliche und nicht gefährliche Abfälle		
4560	Kirchdorf an der Krems	Kirchdorfer Zementwerke Hofmann GmbH
4812	Pinsdorf	Gmundner Zementwerke Hans Hatschek AG
9330	Althofen	Treibacher Industrie AG
9601	Arnoldstein	ABRG Asamer-Becker-Recycling GmbH

SPEZIELLE VERWERTUNGS- UND BEHANDLUNGSANLAGEN		
PLZ	**Standort**	**Betreiber**
für Altautos		
3300	Amstetten	Müller Guttenbrunn
2361	Laxenburg	VOEST Alpine Rohstoffhandel
4650	Edt bei Lambach	Gratz Recycling GmbH
8720	Knittelfeld	Kuttin Fritz GmbH & Co KG
6060	Hall in Tirol	Tiroler Shredder GmbH
6840	Götzis	Loacker Recycling GmbH
für verunreinigte Böden		
2183	Neusiedl an der Zaya	Proterra Gesellschaft für Umwelttechnik GmbH
4400	Steyr	Bachleitner GmbH
4470	Enns	STAPA Holding Umwelttechnik GmbH
4650	Edt bei Lambach	ETB - Erdtechnologie und Bearbeitungs GmbH
5101	Bergheim	SAB - Salzburger Abfallbeseitigung GmbH & Co KG
6401	Inzing	Freudenthaler & Co GmbH Umwelttechnik KG
1030	Wien	Donau Chem Handels GmbH
1110	Wien	ABW - Abbruch-, Boden- und Wasserreinigungs GmbH
1110	Wien	Entsorgungsbetriebe Simmering GmbH & Co KG
für verunreinigte Böden – mobile Anlagen		
7350	Oberpullendorf	UDB Abfallwirtschaft GmbH
9800	Spittal an der Drau	ILBAU GmbH
9101	Arnoldstein	ALTEC - Alpine Umwelttechnik GmbH
2242	Prottes	Geodata
1030	Wien	PORR Umwelttechnik AG
1120	Wien	Grün und Bilfinger Bau GmbH
1230	Wien	RAG Reichenberger Brand- und Wasserschaden-sanierungen GmbH

1230	Wien	Rohè GmbH
für Elektronikaltgeräte		
9020	Klagenfurt	Österreichische Philips Industrie GmbH
9433	Sankt Andrä	Draurecycling Restsoffverwertung GmbH
4850	Timelkam	AVE - Abfallverwertung Entsorgung GmbH
5111	Bürmoos	Salzburger Metall- und Kabelverwertung GmbH
8020	Graz	Schrott-Waltner Eisen-Metalle-Maschinen GmbH
8141	Unterpremstätten	AGS - Allgemeiner Gewässerschutz und Altöldienst GmbH & Co KG
6840	Götzis	Loacker Recycling GmbH
6833	Klaus	BHS Entsorgung GmbH
1110	Wien	Muldenzentrale Standortier & Recycling AG
1220	Wien	Magistrat der Stadt Wien - MA 48
1210	Wien	Alcatel Austria AG
1230	Wien	Dkfm. August Tree GmbH
2034	Diepolz	Pörtschacher Eleonore
für Fette und Fritieröle		
7471	Rechnitz	Stipits Josef
9161	Maria Rain	Agrar-Handels- und Verwertungs GmbH
2431	Enzersdorf an der Fischa	FEBOS GmbH
2431	Enzersdorf an der Fischa	AME Altfettmethylester Produktions GmbH
2601	Sollenau	Schroll Franz Seifenfabrik
4600	Wels	RISA - Seifenfabrik Irmtraud Haderer
4771	Sigharting	Schauer Karl Häute- und Fette GmbH
8011	Graz	Lettner & Söhne KG
8750	Judenburg	Ott - Seifenfabrik Alpenland
8480	Mureck	SEEG - Südsteierische Energie- und Eiweißerzeugung GmbH
6020	Innsbruck	Walde KG
6460	Imst	Abwasserverband Gurgltal, Imst, Inn

6170	Zirl	Holluschek - Chemische Waschmittelindustrie GmbH
6345	Kössen	Abwasserverband Kössen-Schwendt
6341	Ebbs	Fett-Kofler
6330	Kufstein	Abwasserverband Kufstein
6330	Kufstein	Josef Ebner
9900	Lienz	Abwasserverband Lienzer Talboden
6850	Dornbirn	ARA Region Dornbirn-Schwarzach GmbH
für Kühlgeräte		
9020	Klagenfurt	Kuttin Metall GmbH
3372	Sankt Georgen am Ybbsfelde	NÖ Kühlgeräte Entsorgung GmbH
4850	Timelkam	AVE - Abfallverwertung Entsorgung GmbH
8010	Graz	Saubermacher Dienstleistungs AG
6167	Völs	Tiroler Kühlgeräte Entsorgungs GmbH
1110	Wien	Entsorgungsbetriebe Simmering GmbH & Co KG
1220	Wien	AVR - Abfallverwertungs- u. Rohstoffwiedergewinnungs GmbH
2034	Diepolz	Pörtschacher Eleonore
1220	Wien	Magistrat der Stadt Wien - MA 48
6833	Klaus	USG - Umweltservice GmbH
für Leuchtstoffröhren		
2752	Wöllersdorf-Steinabrückl	Rudihl Leuchtstoffröhrenverwertung GmbH
8010	Graz	Saubermacher Dienstleistungs AG
4470	Enns	Tyrolux Vertrieb GmbH
für Fotochemikalien		
5500	Bischofshofen	Rethmann Kreislaufwirtschaft Austria GmbH

1200	Wien	Chemozak
1148	Wien	Kodak Fotoservice GmbH
für Farb- und Lackschlämme		
5500	Bischofshofen	Rethmann Kreislaufwirtschaft Austria GmbH
8700	Leoben	ARP/ECV, IPA Bio-Entsorgungs- und Recyclingtechnologie GmbH
1120	Wien	Fritze Lackfabrik
1230	Wien	Ögussa - Österr. Gold- und Silberscheideanstalt
für sonstige gefährliche Abfälle		
9330	Althofen	Treibacher Industrie AG
9371	Brückl	Donau Chemie AG
9601	Arnoldstein	ABRG - Asamer-Becker Recycling GmbH
9601	Arnoldstein	BMG Metall und Recycling GmbH
9601	Arnoldstein	Chemson Polymer Additive GmbH
5322	Hof bei Salzburg	Filmverwertung Roth & Partner GmbH
6063	Rum	Recycodent
1230	Wien	Ögussa - Österr. Gold- und Silberscheideanstalt

ANHANG III

Massenpotentiale für gefährliche Abfälle 1992, 1995 und 1998 (Einstufung gefährlicher Abfälle gemäß Festsetzungsverordnung 1991) geordnet nach

- Abfallgruppen
- Abfalluntergruppen
- Abfallschlüsselnummern

Massenpotentiale für gefährliche Abfälle 1992, 1995 und 1998 (Angaben in Tonnen)

Lfd.	Gruppe	Abfallgruppenbezeichnungen gemäß ÖNORM S 2100 (1990)	BAWP 1992	BAWP 1995	BAWP 1998
1	11	NAHRUNGS- UND GENUSSMITTELABFÄLLE	1.600	1.600	20
2	12	ABFÄLLE PFLANZLICHER UND TIERISCHER FETTERZEUGNISSE	47.776	50.452	49.135
3	13	ABFÄLLE AUS DER TIERHALTUNG UND SCHLACHTUNG	1	3	3
4	17	HOLZABFÄLLE	1.470	9.371	3.072
5	18	ZELLULOSE-, PAPIER- UND PAPPEABFÄLLE	3.875	1.265	180
6	31	ABFÄLLE MINERALISCHEN URSPRUNGS (OHNE METALLABFÄLLE)	309.342	358.808	357.029
7	35	METALLABFÄLLE	24.765	269.236	79.671
8	39	ANDERE ABFÄLLE MINERALISCHEN URSPRUNGS SOWIE ABFÄLLE VON VEREDELUNGSPRODUKTEN	850	850	2
9	51	OXIDE, HYDROXIDE, SALZABFÄLLE	19.651	25.509	19.331
10	52	ABFÄLLE VON SÄUREN, LAUGEN, KONZENTRATEN	12.701	19.626	23.108
11	53	ABFÄLLE VON PFLANZENBEHANDLUNGS- UND SCHÄDLINGSBEKÄMPFUNGSMITTELN SOWIE VON PHARMAZEUTISCHEN ERZEUGNISSEN UND DESINFEKTIONSMITTELN	2.115	2.230	1.880
12	54	ABFÄLLE VON MINERALÖL- UND KOHLEVEREDLUNGSPRODUKTEN	131.559	169.263	168.829
13	55	ABFÄLLE VON ORGANISCHEN LÖSEMITTELN, FARBEN, LACKEN, KLEBSTOFFEN, KITTEN UND HARZEN	46.701	55.431	40.002
14	57	KUNSTSTOFF-UND GUMMIABFÄLLE	4.610	4.811	6.146
15	58	TEXTILABFÄLLE (NATUR- UND CHEMIEFASERPRODUKTE)	750	801	412
16	59	ANDERE ABFÄLLE CHEMISCHER UMWANDLUNGS- UND SYNTHESEPRODUKTE	4.814	4.962	3.639
17	94	ABFÄLLE AUS WASSERAUFBEREITUNG, ABWASSERBEHANDLUNG UND GEWÄSSERNUTZUNG	1.200	1.200	600
18	95	FLÜSSIGE ABFÄLLE AUS ABFALLBEHANDLUNGSANLAGEN	,	500	1.000
19	97	ABFÄLLE AUS DEM MEDIZINISCHEN BEREICH	2.200	2.500	3.101
		Summen	**615.980**	**978.418**	**757.160**

Datengrundlage: Bundes-Abfallwirtschaftspläne 1992, 1995 und 1998

Massenpotentiale für gefährliche Abfälle 1992, 1995 und 1998 (Angaben in Tonnen)

Lfd. Nr.	Unter-gruppe	Abfalluntergruppenbezeichnungen gemäß ÖNORM S 2100 (1990)	BAWP 1992	BAWP 1995	BAWP 1998
1	114	ABFÄLLE AUS DER GENUSSMITTELPRODUKTION	1.600	1.600	20
2	121	ABFÄLLE AUS DER PRODUKTION PFLANZLICHER UND TIERISCHER ÖLE	,	1	20
3	123	ABFÄLLE AUS DER PRODUKTION PFLANZLICHER UND TIERISCHER FETTE UND WACHSE	42.250	42.250	37.085
4	125	EMULSIONEN UND GEMISCHE MIT PFLANZLICHEN UND TIERISCHEN FETTPRODUKTEN	5.525	8.200	12.020
5	126	PRODUKTE AUS PFLANZENÖLEN	1	1	10
6	137	TIERISCHE FÄKALIEN	1	3	3
7	172	HOLZABFÄLLE AUS DER ANWENDUNG	1.470	9.371	3.072
8	187	PAPIER- UND PAPPEABFÄLLE	3.875	1.265	180
9	311	OFENAUSBRÜCHE, HÜTTEN- UND GIESSEREISCHUTT	14.000	13.500	9.005
10	312	METALLURGISCHE SCHLACKEN, KRÄTZEN, STÄUBE	22.990	26.397	41.931
11	313	ASCHEN, SCHLACKEN UND STÄUBE AUS DER THERMISCHEN ABFALLBEHANDLUNG UND AUS FEUERUNGSANLAGEN	230.000	251.700	223.500
12	314	SONSTIGE FESTE MINERALISCHE ABFÄLLE	38.053	63.605	81.932
13	316	MINERALISCHE SCHLÄMME	4.299	3.606	661
14	351	EISEN- UND STAHLABFÄLLE	750	241.550	57.505
15	353	NE-METALLABFÄLLE	22.615	26.286	21.616
16	355	METALLSCHLÄMME	1.400	1.400	550
17	399	ANDERE ABFÄLLE MINERALISCHEN URSPRUNGS SOWIE ABFÄLLE VON VEREDELUNGSPRODUKTEN	850	850	2
18	511	GALVANIKSCHLÄMME	14.731	25.000	15.000
19	515	SALZABFÄLLE	4.920	509	4.331
20	521	SÄUREN, ANORGANISCH	7.090	6.140	5.700
21	522	SÄUREN, ORGANISCH	1	10	155
22	524	LAUGEN	2.000	6.000	4.500
23	527	KONZENTRATE	3.610	7.476	12.753
24	531	ABFÄLLE VON PFLANZENBEHANDLUNGS- UND SCHÄDLINGSBEKÄMPFUNGSMITTELN	650	700	570
25	533	ABFÄLLE VON KÖRPERPFLEGEMITTELN	10	10	15
26	535	ABFÄLLE VON ARZNEIMITTELERZEUGNISSEN	1.455	1.520	1.295
27	541	ABFÄLLE VON MINERALÖLEN UND SYNTHETISCHEN ÖLEN	36.501	47.626	47.470
28	542	ABFÄLLE VON FETTEN UND WACHSEN AUS MINERALÖL	927	935	830
29	544	ABFÄLLE VON EMULSIONEN UND GEMISCHEN VON MINERALÖLPRODUKTEN	23.800	39.500	41.450
30	545	RÜCKSTÄNDE AUS DER ERDÖLFÖRDERUNG	10.900	10.900	7.076
31	547	MINERALÖLSCHLÄMME	33.460	42.300	45.910
32	548	RÜCKSTÄNDE AUS MINERALÖLRAFFINERIEN	1.262	1.262	262
33	549	SONSTIGE ABFÄLLE VON MINERALÖLPRODUKTEN UND AUS DER ERDÖLVERARBEITUNG UND KOHLEVEREDELUNG	24.709	26.740	25.831
34	552	ABFÄLLE VON HALOGENHALTIGEN ORGANISCHEN LÖSEMITTELN UND LÖSEMITTELGEMISCHEN UND ANDEREN HALOGENIERTEN FLÜSSIGKEITEN (PCB-frei, PCT-frei)	14.224	13.428	9.393
35	553	ABFÄLLE VON HALOGENFREIEN ORGANISCHEN LÖSEMITTELN UND LÖSEMITTELGEMISCHEN	10.161	16.823	11.124
36	554	LÖSEMITTELHALTIGE SCHLÄMME; BETRIEBSMITTEL UND WÄSSRIGE GEMISCHE	3.505	4.850	1.715
37	555	ABFÄLLE VON FARBMITTELN UND ANSTRICHMITTELN	17.300	18.800	16.520
38	559	ABFÄLLE VON KLEBSTOFFEN, KITTEN, NICHT AUSGEHÄRTETEN HARZEN	1.511	1.530	1.250
39	571	AUSGEHÄRTETE KUNSTSTOFFABFÄLLE	,	150	5.535
40	572	ABFÄLLE VON NICHT AUSGEHÄRTETEN KUNSTSTOFFABFÄLLEN, -FORMMASSEN UND -KOMPONENTEN	3.710	3.760	340
41	573	KUNSTSTOFFSCHLÄMME UND -EMULSIONEN	900	900	270
42	577	GUMMISCHLÄMME UND -EMULSIONEN	,	1	1
43	581	TEXTILABFÄLLE UND SCHLÄMME	200	,	50
44	582	TEXTILIEN, VERUNREINIGT	550	801	362
45	591	ABFÄLLE VON EXPLOSIVSTOFFEN	6	6	3
46	593	LABORABFÄLLE UND CHEMIKALIENRESTE	4.000	4.000	2.500
47	594	DETERGENTIEN- UND WASCHMITTELABFÄLLE	425	425	520
48	595	KATALYSATOREN	200	200	200

Massenpotentiale für gefährliche Abfälle 1992, 1995 und 1998 (Angaben in Tonnen)

Lfd. Nr.	Unter-gruppe	Abfalluntergruppenbezeichnungen gemäß ÖNORM S 2100 (1990)	BAWP 1992	BAWP 1995	BAWP 1998
49	598	ABFÄLLE VON GEFASSTEN GASEN	103	300	400
50	599	SONSTIGE ABFÄLLE AUS UMWANDLUNGSPROZESSEN UND SYNTHESEPROZESSEN	80	31	16
51	947	RÜCKSTÄNDE AUS DER KANALISATION UND ABWASSERBEHANDLUNG (AUSGENOMMEN SCHLÄMME)	1.200	1.200	600
52	953	DEPONIESICKERWASSER	,	500	1.000
53	971	ABFÄLLE AUS DEM MEDIZINISCHEN BEREICH	2.200	2.500	3.101
		Summen	**615.980**	**978.418**	**757.160**

Datengrundlage: Bundes-Abfallwirtschaftspläne 1992, 1995 und 1998

Massenpotentiale für gefährliche Abfälle 1992, 1995 und 1998 (Angaben in Tonnen)

Lfd. Nr.	SN	Abfallbezeichnungen der ÖNORMEN S 2101 (1983) und S 2100 (1990)	BAWP 1992	BAWP 1995	BAWP 1998
1	11421	Spül- und Waschwasser mit schädlichen Verunreinigungen, organisch belastet	1.600	1.600	20
2	12102	verdorbene Pflanzenöle	,	1	20
3	12302	Fette (z.B. Fritieröle)	40.000	40.000	37.000
4	12303	Ziehmittelrückstände	250	250	65
5	12304	Fettsäurerückstände	2.000	2.000	20
6	12501	Inhalt von Fettabscheidern	5.500	8.000	12.000
7	12503	Öl-, Fett- und Wachsemulsionen	25	200	20
8	12601	Schmier- und Hydrauliköle, mineralölfrei	1	1	10
9	13401	Versuchstiere	,	,	,
10	13705	Mist, infektiös	,	1	1
11	13706	Kot, infektiös	1	1	1
12	13707	Gülle, infektiös	,	1	1
13	17208	Holz (z.B. Pfähle und Masten), salzimprägniert	50	9.200	15
14	17211	Sägemehl und -späne, durch organische Chemikalien (z.B. Mineralöle, Lösemittel, Lacke, organische Beschichtungen) verunreinigt	150	150	55
15	17212	Sägemehl und -späne, durch anorganische Chemikalien (z.B. Säuren, Laugen, Salze) verunreinigt	1.000	,	1
16	17213	Holzemballagen, Holzabfälle und Holzwolle, durch organische Chemikalien (z.B. Mineralöle, Lösemittel, Lacke, organische Beschichtungen) verunreinigt	20	20	3.000
17	17214	Holzemballagen, Holzabfälle und Holzwolle, durch anorganische Chemikalien (z.B. Säuren, Laugen, Salze) verunreinigt	250	1	1
18	18709	Papierfilter, ölgetränkt	25	25	10
19	18710	Papierfilter mit schädlichen Verunreinigungen, vorwiegend organisch	100	100	20
20	18711	Papierfilter mit schädlichen Verunreinigungen, vorwiegend anorganisch	2.400	180	5
21	18712	Zellstofftücher mit schädlichen Verunreinigungen, vorwiegend organisch	300	10	45
22	18713	Zellstofftücher mit schädlichen Verunreinigungen, vorwiegend anorganisch	,	200	5
23	18714	Verpackungsmaterial mit schädlichen Verunreinigungen oder Restinhalten, vorwiegend organisch	600	500	70
24	18715	Verpackungsmaterial mit schädlichen Verunreinigungen oder Restinhalten, vorwiegend anorganisch	450	250	25
25	31108 inkl. 31110	Ofenausbruch aus metallurgischen Prozessen mit produktionsspezifisch schädlichen Beimengungen	12.600	12.600	9.000
26	31109	Ofenausbruch aus nichtmetallurgischen Prozessen mit produktionsspezifisch schädlichen Beimengungen	900	900	5
27	31110	Ofenausbrüche aus metallurgischen und nicht metallurgischen Prozessen, soferne sie arsen-, blei-, cadmium-, cyanid-, quecksilber-, chrom-(VI)-haltig sind	500	*in SN 31108 und SN 31109*	*in SN 31108 und SN 31109*
28	31204	Bleikrätze	40	40	230
29	31205	Leichtmetallkrätzen, aluminiumhaltig	5.100	6.200	6.000
30	31206	Leichtmetallkrätzen, magnesiumhaltig	,	7	1
31	31207	Schlacken aus Schmelzelektrolysen	,	,	,
32	31211	Salzschlacken, aluminiumhaltig	15.000	15.000	25.000
33	31212	Salzschlacken, magnesiumhaltig	,	,	,
34	31214	Bleiaschen	550	150	200
35	31223	Stäube (Aschen) aus Schmelzprozessen, soferne sie arsen-, blei-, cadmium-, cyanid-, quecksilber-, chrom-(VI)-haltig sind	2.300	5.000	10.500
36	31308 inkl. 31310	Schlacken und Aschen aus Abfallverbrennungsanlagen	123.000	145.000	145.000
37	31309 inkl. 31311	Flugaschen und -stäube aus Abfallverbrennungsanlagen	15.000	9.700	26.000
38	31310	Schlacken und Aschen aus Sonderabfallverbrennungsanlagen, soferne sie andere überwachungsbedürftige Sonderabfälle enthalten	*in SN 31308*	*in SN 31308*	*in SN 31308*
39	31311	Flugaschen und Flugstäube aus Sonderabfallverbrennungsanlagen, soferne sie andere überwachungsbedürftige Sonderabfälle enthalten	*in SN 31309*	*in SN 31309*	*in SN 31309*
40	31312	feste salzhaltige Rückstände aus der Rauchgasreinigung von Abfallverbrennungsanlagen und Abfallpyrolyseanlagen	7.000	7.000	2.500
41	31314	feste salzhaltige Rückstände aus der Rauchgasreinigung von Feuerungsanlagen für konventionelle Brennstoffe (ohne Rea-Gipse)	60.000	75.000	35.000

Massenpotentiale für gefährliche Abfälle 1992, 1995 und 1998 (Angaben in Tonnen)

Lfd. Nr.	SN	Abfallbezeichnungen der ÖNORMEN S 2101 (1983) und S 2100 (1990)	BAWP 1992	BAWP 1995	BAWP 1998
42	31316	Schlacken und Aschen aus Abfallpyrolyseanlagen	25.000	15.000	15.000
43	31423	ölverunreinigte Böden	25.000	45.000	50.000
44	31424	sonstige verunreinigte Böden	20	5.000	22.000
45	31433	Glas und Keramik mit produktionsspezifischen Beimengungen (z.B. Lampen, Bildröhren)	900	900	2.700
46	31434	verbrauchte Filter- und Aufsaugmassen, soferne sie mit anderen überwachungsbedürftigen Sonderabfällen belastet sind	900	,	470
47	31435	verbrauchte Filter- und Aufsaugmassen mit anwendungsspezifischen schädlichen Beimengungen (z.B. Kieselgur, Aktiverden, Aktivkohle)	1.900	1.900	190
48	31437	Asbestabfälle, Asbeststäube	25	500	500
49	31440	Strahlmittelrückstände mit anwendungsspezifischen schädlichen Beimengungen	3	1.000	45
50	31441	chemisch verunreinigter Bauschutt	1.000	1.000	6.000
51	31445	Gipsabfälle mit produktionsspezifischen schädlichen Beimengungen	6.500	6.500	10
52	31446	Kieselsäure- und Quarzabfälle mit produktionsspezifischen Beimengungen, vorwiegend organisch	5	5	2
53	31447	Kieselsäure- und Quarzabfälle mit produktionsspezifischen Beimengungen, vorwiegend anorganisch	1.800	1.800	15
54	31620	Gipsschlamm mit produktionsspezifischen schädlichen Beimengungen	200	200	1
55	31621	Kalkschlamm mit produktionsspezifischen schädlichen Beimengungen	1.800	1.800	10
56	31628	Härtereischlamm, cyanidhaltig	10	20	35
57	31629	Härtereischlamm, nitrat-, nitrithaltig	25	25	15
58	31630	bariumhaltige Schlämme (ausgenommen Bariumsulfat)	250	20	1
59	31632	Bariumsulfatschlamm, quecksilberhaltig	10	1	4
60	31633	Glasschleifschlamm mit produktionsspezifischen schädlichen Beimengungen	2	20	45
61	31636	Bohrschlamm, verunreinigt	2	10	20
62	31639	sonstige Schlämme aus Fäll- und Löseprozessen mit produktionsspezifischen schädlichen Beimengungen	1.500	1.500	500
63	31660	Schlamm aus der Gas- und Abgasreinigung	500	10	30
64	35103	Eisen- und Stahlabfälle, verunreinigt	,	240.000	55.000
65	35106	Eisenmetallemballagen und -behältnisse mit gefährlichen Restinhalten	400	1.200	2.500
66	35107	KFZ-Katalysatoren	350	350	5
67	35302	Blei (Bleistäube -> SN 31217 zuordnen)	900	2.000	2.500
68	35307	Berylliumspäne	,	,	1
69	35321	sonstige NE-metallhaltige Stäube	450	1.500	420
70	35322	Bleiakkumulatoren	18.300	19.000	15.000
71	35323	Nickel-Cadmium-Akkumulatoren	100	180	180
72	35324	Quecksilberbatterien	15	100	30
73	35325	Trockenbatterien, quecksilber- und silberhaltig	750	,	210
74	35326	Quecksilber, quecksilberhaltige Rückstände	1.200	1.200	1.200
75	35327	NE-Metallemballagen und -behältnisse mit gefährlichen Restinhalten	500	500	250
76	35330	Cadmium und cadmiumhaltige Abfälle	,	1	50
77	35331	Nickel und nickelhaltige Abfälle (Nickelstäube sind der SN 31223 zuzuordnen)	350	150	120
78	35335	Zink-Kohle-Batterien	45	1.300	1.300
79	35336	Alkali-Mangan-Batterien	5	355	355
80	35503	Bleischlamm	1.400	1.400	550
81	39903	Steinsalzrückstände	,	,	1
82	39909	sonstige feste Abfälle mineralischen Ursprungs mit produktionsspezifischen oder anwendungsspezifischen schädlichen Beimengungen	850	850	1
83	511	GALVANIKSCHLÄMME	,	25.000	15.000
84	51101	cyanidhaltiger Galvanikschlamm	750	*in SN 511*	*in SN 511*
85	51102	chrom(VI)haltiger Galvanikschlamm	1.400	*in SN 511*	*in SN 511*
86	51103	chrom(III)haltiger Galvanikschlamm	3.000	*in SN 511*	*in SN 511*
87	51104	kupferhaltiger Galvanikschlamm	1.500	*in SN 511*	*in SN 511*
88	51105	zinkhaltiger Galvanikschlamm	2.000	*in SN 511*	*in SN 511*
89	51106	cadmiumhaltiger Galvanikschlamm	80	*in SN 511*	*in SN 511*
90	51107	nickelhaltiger Galvanikschlamm	1.000	*in SN 511*	*in SN 511*

Massenpotentiale für gefährliche Abfälle 1992, 1995 und 1998 (Angaben in Tonnen)

Lfd. Nr.	SN	Abfallbezeichnungen der ÖNORMEN S 2101 (1983) und S 2100 (1990)	BAWP 1992	BAWP 1995	BAWP 1998
91	51108	kobalthaltiger Galvanikschlamm	,	*in SN 511*	*in SN 511*
92	51110	edelmetallhaltiger Galvanikschlamm	1	*in SN 511*	*in SN 511*
93	51112	sonstige Galvanikschlämme	5.000	*in SN 511*	*in SN 511*
94	51504	Imprägniersalzabfälle	25	10	15
95	51505	Lederchemikalien, (z.B. Lösemittel, Weichmacher), Gerbstoffe	35	35	2
96	51509	Salmiak (Ammonchlorid)	1	5	1
97	51511	Salzbadabfälle	70	250	30
98	51512	Ammoniumhydrogenfluorid	3	60	15
99	51513	Arsenkalk	1	1	1
100	51514	Arsentrisulfid	,	1	25
101	51516	Brüniersalzabfälle	150	30	40
102	51517	Natriumsulfat (Glaubersalz)	,	1	1
103	51518	Natriumbromid	,	,	1
104	51521	Bleisulfat	,	25	550
105	51524	Bleisalze (wasserlöslich)	100	6	250
106	51525	Bariumsalze (wasserlöslich)	450	3	55
107	51530	Kupferchlorid	3.800	30	2.600
108	51533	Härtesalz, cyanidhaltig	80	5	50
109	51534	Härtesalz, nitrat-, nitrithaltig u.a.	150	20	100
110	51539	Härtesalz, bariumhaltig	25	1	55
111	51540	sonstige Salze, leicht löslich	20	20	10
112	51543	gebrauchte ammoniakalische Kupferätzlösungen	,	1	30
113	51550	Kupfersalze, wasserlöslich (ausgenommen Kupferchlorid)	10	5	500
114	52101	Akku-Säuren	200	220	250
115	52102	Säuren, Säuregemische mit verwendungsspezifischen Beimengungen (z.B. Beizen, Ionenaustauschereluate), soferne sie eine pH-Wert < 1 (für Mineralsäuren) bzw. einen pH-Wert < 3 (für organische Säuren) haben oder toxisch sind	5.500	5.500	4.700
116	52103	Säuren, Säuregemische mit anwendungsspezifischen Beimengungen (z.B. Beizen, Ionenaustauschereluate)	1.300	300	680
117	52105	Chromschwefelsäure	90	120	70
118	52201	organische Säuren und Säuregemische, halogeniert	1	5	5
119	52202	organische Säuren und Säuregemische, nicht halogeniert	,	5	150
120	52404	Laugen und Laugengemische mit verwendungsspezifischen Beimengungen (z.B. Beizen, Ionenaustauschereluate, Entfettungsbäder) soferne sie einen ph-Wert > 11 haben oder toxisch sind	2.000	6.000	4.500
121	52707	Fixierbäder	45	100	1.000
122	52711	Bäder, sulfidhaltig	15	15	2
123	52712	Konzentrate, chrom-(VI)-haltig	80	150	400
124	52713	Konzentrate, cyanidhaltig	300	150	150
125	52714	Spül- und Waschwässer, cyanidhaltig	45	200	140
126	52715	Bleichbäder	400	400	10
127	52716	Konzentrate, metallsalzhaltig	1.200	500	5.000
128	52718	Bleichereiablauge, chlorhaltig	,	1	1
129	52722	Spül- und Waschwässer, metallsalzhaltig	,	110	300
130	52723	Entwicklerbäder	1.400	5.500	4.200
131	52724	Kühlmittellösungen	5	50	100
132	52725	sonstige wäßrige Konzentrate	40	300	300
133	52740	Kupfersalzlösung	80	,	1.150
134	53103	Altbestände von Pflanzenbehandlungs- und Schädlingsbekämpfungsmitteln	200	100	150
135	53104	Produktionsabfälle von Pflanzenbehandlungs- und Schädlingsbekämpfungsmitteln (vorwiegend Filterrückstände, gebrauchte Aktivkohle und verunreinigte Lösemittel)	450	600	420
136	53301	überlagerte Körperpflegemittel	10	10	15
137	53501	Altmedikamente (z.B. mit abgelaufenem Datum)	750	750	850
138	53502	Produktionsabfälle von pharmazeutischen Erzeugnissen (vorwiegend Filterrückstände, gebrauchte Aktivkohle und verunreinigte Lösemittel)	700	700	350
139	53507	Desinfektionsmittel	5	30	30
140	53510	Arzneimittel, wassergefährdend, schwermetallhaltig (z.B. Blei, Cadmium, Zink, Quecksilber, Selen) und Zytostatica	,	40	65
141	54101	Öle, säurehaltig	25	*in SN 54102*	*in SN 54102*
142	54102	Altöle	35.000	45.000	45.000

Massenpotentiale für gefährliche Abfälle 1992, 1995 und 1998 (Angaben in Tonnen)

Lfd. Nr.	SN	Abfallbezeichnungen der ÖNORMEN S 2101 (1983) und S 2100 (1990)	BAWP 1992	BAWP 1995	BAWP 1998
143	54103	Motor- und Getriebeöle	50	*in SN 54102*	*in SN 54102*
144	54104	Kraftstoffe	250	250	350
145	54106	Trafoöle, Wärmeträgeröle, chlorfrei	150	1.000	600
146	54107	Trafofüllungen,Wärmeträgeröle, Spülöle, chlorhaltig	350	350	40
147	54108	Heizöle	300	600	1.000
148	54109	Bohr-, Schleif- und Schneidöle	300	*in SN 54102*	*in SN 54102*
149	54110	PCB-haltige und PCT-haltige elektrische Betriebsmittel	1	300	200
150	54111	sonstige PCB-haltige und PCT-haltige Abfälle	,	5	10
151	54116	Maschinenöle	,	*in SN 54102*	*in SN 54102*
152	54117	Turbinenöle	60	*in SN 54102*	*in SN 54102*
153	54118	Hydrauliköle, halogenfrei	5	*in SN 54102*	*in SN 54102*
154	54119	Hydrauliköle, halogenhaltig	,	*in SN 54102*	*in SN 54102*
155	54120	Bremsflüssigkeit	10	120	270
156	54121	Spezial-Industriegetriebeöl	,	1	*in SN 54102*
157	54201	Ölgatsch	600	600	600
158	54202	Fette	300	300	200
159	54204	Fettsäurerückstände	2	5	5
160	54206	Metallseifen	15	20	5
161	54207	Wachse	10	10	20
162	54401	synthetische Kühl- und Schmiermittel	500	,	450
163	54402	Bohr- und Schleifölemulsionen und Emulsionsgemische	8.300	13.000	16.000
164	54408	Öl-Wassergemische	15.000	26.500	25.000
165	54502	Bohrspülung und Bohrklein, rohölkontaminiert	5.900	5.900	1
166	54503	rohölhaltiger Schlamm	1.000	1.000	5
167	54504	rohölverunreinigtes Erdreich, Aushub und Abbruchmaterial	3.000	3.000	7.000
168	54505	sonstige rohölverunreinigte Rückstände aus der Erdölförderung	1.000	1.000	70
169	54701	Sandfanginhalte, öl- oder kaltreinigerhaltig	350	3.000	7.000
170	54702	Ölabscheiderinhalte (Benzinabscheiderinhalte)	25.000	30.000	30.000
171	54703	Schlamm aus Öltrennanlagen	3.000	3.000	1.000
172	54704	Schlamm aus der Tankreinigung und Faßwäsche	3.000	3.500	4.000
173	54706	Paraffinölschlamm	100	100	30
174	54710	Schleifschlamm, ölhaltig	2.000	2.500	3.500
175	54715	Schlamm aus der Behälterreinigung (z.B. aus Fässern, Containern, Tankwagen, Kesselwagen)	10	200	380
176	54801	Bleicherde, mineralölhaltig	250	250	100
177	54802	Säureharz und Säureteer	1.000	1.000	120
178	54803	Schlämme aus Mineralölraffination	10	,	1
179	54806	Säureharz-, Aufbereitungsrückstände	1	1	1
180	54807	Abfallsäure, mineralölhaltig	1	1	30
181	54810	Abfallauge, mineralölhaltig	,	10	10
182	54903	phenolhaltiger Schlamm	250	250	80
183	54904	mercaptanhaltiger Schlamm	5	5	5
184	54905	feste Anthracenrückstände	1	30	3
185	54907	feste phenolhaltige Rückstände	1.500	1.500	50
186	54913	Teerrückstände	400	400	850
187	54915	Destillationsrückstände aus der Teerproduktion	25	25	3
188	54917	festes Dichtungsmaterial und Unterbodenschutzabfälle	4	10	175
189	54918	Phenolwasser	200	300	450
190	54923	cyanidhaltiger Schlamm	4	10	10
191	54926	gebrauchte Ölbindematerialien	1.800	2.500	4.700
192	54927	ölverunreinigte Putzlappen	1.600	3.200	700
193	54928	gebrauchte Öl- und Luftfilter (mineralölhaltig)	18.500	18.500	6.000
194	54929	gebrauchte Ölgebinde	20	,	200
195	54930	feste fett- und ölverschmutzte Betriebsmittel (Werkstätten-, Industrie- und Tankstellenabfälle)	400	,	12.600
196	54932	Kältemittel auf Mineralölbasis	,	10	5
197	55201	Ethylenchlorid	10	1	1
198	55202	Chlorbenzole	200	20	2
199	55203	Chloroform	10	10	2
200	55205	fluorkohlenwasserstoffhaltige Kälte-, Treib- und Lösemittel	6.000	6.000	7.100
201	55206	Methylenchlorid	300	210	170
202	55207	Chlorphenole	2	2	1
203	55208	anchlorierte Paraffine	1	5	1

Massenpotentiale für gefährliche Abfälle 1992, 1995 und 1998 (Angaben in Tonnen)

Lfd. Nr.	SN	Abfallbezeichnungen der ÖNORMEN S 2101 (1983) und S 2100 (1990)	BAWP 1992	BAWP 1995	BAWP 1998
204	55209	Perchlorethylen (Per)	500	400	300
205	55210	Weichmacher, halogenfrei	25	,	10
206	55211	Tetrachlorkohlenstoff (Tetra)	1	5	1
207	55212	Trichlorethan	700	300	100
208	55213	Trichlorethylen (Tri)	200	200	80
209	55214	Kaltreiniger, halogenhaltig	50	50	10
210	55220	Lösemittelgemische, halogenhaltig	5.700	5.700	1.500
211	55223	sonstige halogenierte Lösemittel	25	25	15
212	55224	Lösemittel-Wasser-Gemische mit halogenierten Lösemitteln	500	500	100
213	55301	Aceton	250	250	140
214	55302	Ethylacetat	50	50	5
215	55303	Ethylenglykol	15	30	70
216	55304	Ethylglykol	2	35	10
217	55305	Ethylphenol	5	10	5
218	55306	Benzol	3	3	1
219	55307	Butylacetat	15	15	15
220	55308	Cyclohexanon	1	1	1
221	55309	Dekahydronaphthalin (Dekalin)	1	1	1
222	55310	Diethylether	2	2	1
223	55311	Dimethylformamid	60	1	45
224	55312	Dimethylsulfid	1	1	1
225	55313	Dimethylsulfoxid	1	1	1
226	55314	Dioxan	,	1	3
227	55315	Methanol	60	10	70
228	55316	Methylacetat	2	2	1
229	55317	Methylethylketon	40	40	20
230	55318	Methylisobutylketon	4	4	3
231	55320	Pyridin	5	1	2
232	55321	Schwefelkohlenstoff	5	5	1
233	55322	Tetrahydrofuran	10	1	3
234	55323	Tetrahydronaphthalin (Tetralin)	,	1	1
235	55324	Terpentinöl	20	10	3
236	55325	Toluol	25	25	5
237	55326	Waschbenzin, Petrolether, Ligroin	150	150	130
238	55327	Xylol	20	30	10
239	55351	Ethanol	30	100	80
240	55352	aliphatische Amine	60	70	50
241	55353	aromatische Amine	20	10	15
242	55354	Butanol	2	2	25
243	55355	Glycerin	1	5	3
244	55356	Glykolether	20	30	65
245	55357	Kaltreiniger, halogenfrei	15	50	50
246	55358	Kresole (Methylphenole)	200	10	5
247	55359	Nitroverdünnungen	550	700	700
248	55360	Petroleum	150	120	130
249	55361	Polyetheralkohole, wasserlöslich	5	15	40
250	55362	Propanol	10	30	10
251	55370	Lösemittelgemische, halogenfrei	8.300	10.000	6.800
252	55371	Kältemittel ohne halogenierte organische Bestandteile	1	1	3
253	55373	sonstige nicht halogenierte organische Lösemittel	,	,	100
254	55374	Lösemittel-Wasser-Gemische ohne halogenierte Lösemittel	50	5.000	2.500
255	55401	lösemittelhaltige Schlämme, halogenhaltig	1.800	1.800	600
256	55402	lösemittelhaltige Schlämme, halogenfrei	1.700	3.000	650
257	55403	lösemittelhaltige Betriebsmittel mit halogenierten organischen Bestandteilen	5	20	65
258	55404	lösemittelhaltige Betriebsmittel ohne halogenierte organische Bestandteile	,	30	400
259	55502	Altlacke, Altfarben, soferne lösemittel- oder schwermetallhaltig; ausgenommen voll ausgehärtete Reste in geleerten Gebinden	4.100	5.500	5.800
260	55503	Lack- und Farbschlamm	8.800	8.500	6.000
261	55507	Farbstoffrückstände, soferne lösemittel- oder schwermetallhaltig, ausgenommen voll ausgehärtete Reste in geleerten Gebinden	800	800	700

Massenpotentiale für gefährliche Abfälle 1992, 1995 und 1998 (Angaben in Tonnen)

Lfd. Nr.	SN	Abfallbezeichnungen der ÖNORMEN S 2101 (1983) und S 2100 (1990)	BAWP 1992	BAWP 1995	BAWP 1998
262	55508	Anstrichmittel, soferne lösemittel- oder schwermetallhaltig, ausgenommen voll ausgehärtete Reste in geleerten Gebinden	1.300	600	520
263	55509	Druckfarbenreste, Kopiertoner	1.000	400	500
264	55510	sonstige farb-, lack- und anstrichhhaltige Abfälle	1.300	3.000	3.000
265	55904	Harzöl	10	10	10
266	55905	Leim- und Klebemittelabfälle, nicht ausgehärtet	1.500	1.500	1.200
267	55907	Kitt- und Spachtelabfälle, nicht ausgehärtet	1	20	40
268	57124	Ionenaustauscherharze	,	25	20
269	57125	Ionenaustauscherharze mit anwendungsspezifischen, schädlichen Beimengungen	,	25	15
270	57127	Kunststoffemballagen und -behältnisse mit schädlichen Restinhalten	,	100	5.500
271	57201	halogenhaltige Additive und Weichmacher	10	60	40
272	57202	Fabrikationsrückstände aus der Kunststoffherstellung und -verarbeitung	3.700	3.700	300
273	57305	Kunststoffschlämme, soferne sie überwachungsbedürftige Lösemittel enthalten	650	650	150
274	57306	Kunststoffschlämme, halogenhaltig	250	250	120
275	57706	Gummischlamm, lösemittelhaltig	,	1	1
276	58119	Filtertücher und -säcke, chemisch verunreinigt, soferne mit anderen überwachungsbedürftigen Sonderabfällen belastet	200	,	50
277	58201	Filtertücher, Filtersäcke mit anwendungsspezifischen schädlichen Beimengungen, vorwiegend organisch	150	400	230
278	58202	Filtertücher, Filtersäcke mit anwendungsspezifischen schädlichen Beimengungen, vorwiegend anorganisch	150	150	70
279	58203	textiles Verpackungsmaterial mit anwendungsspezifischen schädlichen Beimengungen, vorwiegend organisch	150	150	1
280	58204	textiles Verpackungsmaterial mit anwendungsspezifischen schädlichen Beimengungen vorwiegend anorganisch	,	1	1
281	58205	Polierwolle und Polierfilze mit anwendungsspezifischen schädlichen Verunreinigungen	100	100	60
282	59101	pyrotechnische Abfälle	1	1	1
283	59102	Sprengstoff- und Munitionsabfälle	4	4	1
284	59103	mehrfach nitrierte organische Chemikalien	1	1	1
285	59305	Laborabfälle und Chemikalienreste, soferne sie überwachungsbedürftige Sonderabfälle enthalten	4.000	4.000	2.500
286	59404	Sulfoseifen, Sulfosäuren	25	25	20
287	59405	Reinigungs- und Spezialwaschmittelabfälle, soferne es sich um industriell bzw. gewerblich eingesetzte Spezialreinigungsmittel handelt, oder wenn sie wassergefährdend, ätzend oder brennbar sind	400	400	500
288	59507	Katalysatoren, soferne sie toxisch, schwermetallhaltig, wassergefährdend, brennbar, explosiv und ätzend sind	200	200	200
289	59803	Druckgaspackungen (Spraydosen) mit mehr als 45 % Masseanteil an brennbarem Inhalt	100	200	300
290	59804	Druckgaspackungen (Spraydosen) mit weniger als 45 % Masseanteil an brennbarem Inhalt oder mit weniger als 250 g brennbaren Stoffen sowie mit chemisch instabilen Stoffen	3	100	100
291	59901	Polychlorierte Biphenyle und Terphenyle (PCB, PCT), ausgenommen Abfälle der Schlüssel-Nr. 54107	80	30	15
292	59904	organische Peroxide	,	1	1
293	94702	Rückstände aus der Kanalreinigung	1.200	1.200	600
294	95301	Sickerwasser aus Abfalldeponien	,	500	1.000
295	95403	Rückstände aus rauchgasseitigen Kesselreinigung	,	,	,
296	97101	Körperteile, Organabfälle und infektiöse Abfälle	2.200	2.500	3.100
297	97103	Körperteile und Organabfälle	,	,	1
		Summen	**615.980**	**978.418**	**757.160**

Datengrundlage: Bundes-Abfallwirtschaftspläne 1992, 1995 und 1998